1　多項式の計算

式のかけ算

次の計算をすると？

$3x(2x-y)$

1

1　多項式の計算

式の展開

次の式を展開すると？

$(a+b)(c+d)$

2

1　多項式の計算

乗法公式(1)

次の式を展開すると？

$(x-4)(x+5)$

3

1　多項式の計算

乗法公式(2)

次の式を展開すると？

$(x+4)^2$

4

1　多項式の計算

乗法公式(3)

次の式を展開すると？

$(x+7)(x-7)$

5

1　多項式の計算

因数分解(1)

次の式を因数分解すると？

$3x^2-9x$

6

1　多項式の計算

因数分解(2)

次の式を因数分解すると？

x^2-5x+6

7

1　多項式の計算

因数分解(3)

次の式を因数分解すると？

x^2-6x+9

8

1　多項式の計算

因数分解(4)

次の式を因数分解すると？

x^2-16

9

分配法則を使う

$$3x(2x-y)$$
$$=\underset{①}{\underline{3x\times 2x}}+\underset{②}{\underline{3x\times(-y)}}$$
$$=6x^2-3xy$$

使い方

- ミシン目で切り取り，リングなどを利用して使いましょう。
- カードの表面が問題，裏面が解答・解説になっています。

$(x+a)(x+b)=x^2+(a+b)x+ab$

$$(x-4)(x+5)$$
$$=x^2+\underline{(-4+5)}x+\underline{(-4)\times 5}$$

和　積

$$=x^2+x-20$$

4回かけ算する

$$(a+b)(c+d)$$
$$=\underset{①}{\underline{ac}}+\underset{②}{\underline{ad}}+\underset{③}{\underline{bc}}+\underset{④}{\underline{bd}}$$

$(x+a)(x-a)=x^2-a^2$

$$(x+7)(x-7)$$
$$=\underset{2乗}{\underline{x^2}}-\underset{2乗}{\underline{7^2}}$$
$$=x^2-49$$

$(x\pm a)^2=x^2\pm 2ax+a^2$

$$(x+4)^2$$
$$=x^2+\underset{2倍}{\underline{2\times 4}}\times x+\underset{2乗}{\underline{4^2}}$$
$$=x^2+8x+16$$

$x^2+(a+b)x+ab=(x+a)(x+b)$

$$x^2\underline{-5}x\underline{+6}$$

かけて6，たして−5になるのは−2と−3

$$=(x-2)(x-3)$$

共通因数をくくり出す

$$3x^2-9x$$
$$=\underline{3\times x}\times x-3\times\underline{3\times x}$$

共通因数

$$=3\times x\times(x-3)$$
$$=3x(x-3)$$

$x^2-a^2=(x+a)(x-a)$

$$x^2-16$$
$$=\underset{2乗}{\underline{x^2}}-\underset{2乗}{\underline{4^2}}$$
$$=(x+4)(x-4)$$

$x^2\pm 2ax+a^2=(x\pm a)^2$

$$x^2-6x+9$$
$$=x^2-\underset{2倍}{\underline{2\times 3}}\times x+\underset{2乗}{\underline{3^2}}$$
$$=(x-3)^2$$

2 平方根

平方根

次の数の平方根は？

25

10

2 平方根

平方根の大小

次の数の大小を不等号を使って表すと？

$\sqrt{34}$，6

11

2 平方根

平方根のかけ算

次の計算をすると？

$\sqrt{7}\times\sqrt{5}$

12

2 平方根

平方根のわり算

次の計算をすると？

$\sqrt{33}\div(-\sqrt{3})$

13

2 平方根

平方根の整理

次の数を$a\sqrt{b}$の形にすると？

$\sqrt{28}$

14

2 平方根

分母の有理化

次の数の分母を有理化すると？

$\dfrac{2}{\sqrt{5}}$

15

2 平方根

平方根のたし算，ひき算

次の計算をすると？

$2\sqrt{5}+6\sqrt{2}-3\sqrt{5}-4\sqrt{2}$

16

3 2次方程式

因数分解による解き方(1)

次の２次方程式の解は？

$(x-2)(x+5)=0$

17

3 2次方程式

因数分解による解き方(2)

次の２次方程式の解は？

$x^2+5x+6=0$

18

3 2次方程式

因数分解による解き方(3)

次の２次方程式の解は？

$x^2+10x+25=0$

19

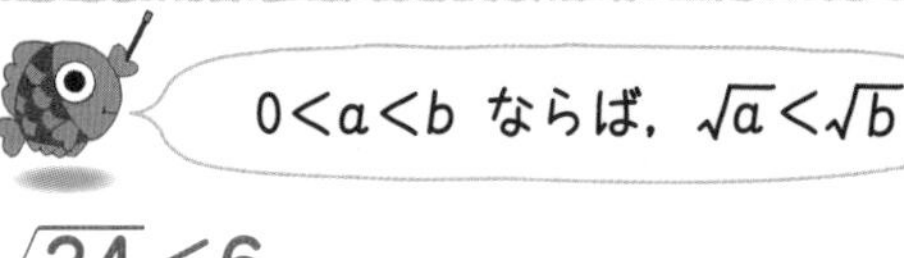
$0<a<b$ ならば，$\sqrt{a}<\sqrt{b}$

$\sqrt{34}<6$

$(\sqrt{34})^2=34$，$6^2=36$

2乗して比べる

$34<36$より，$\sqrt{34}<\sqrt{36}$

2乗して25になる数を考える

±5

$5^2=25$

$(-5)^2=25$

負の数を忘れずに！

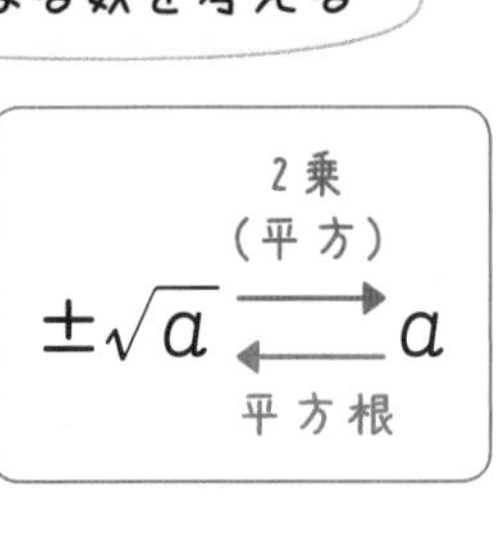
2乗
(平方)
±√a
a
平方根

$\sqrt{a}\div\sqrt{b}=\dfrac{\sqrt{a}}{\sqrt{b}}=\sqrt{\dfrac{a}{b}}$

$\sqrt{33}\div(-\sqrt{3})=-\sqrt{\dfrac{33}{3}}$

$=-\sqrt{11}$

符号を決めてから，わり算を分数に

√の中を約分

$\sqrt{a}\times\sqrt{b}=\sqrt{ab}$

$\sqrt{7}\times\sqrt{5}=\sqrt{7\times5}$

$=\sqrt{35}$

√の中の数どうしをかけ算

$\dfrac{b}{\sqrt{a}}=\dfrac{b\times\sqrt{a}}{\sqrt{a}\times\sqrt{a}}=\dfrac{b\sqrt{a}}{a}$

$\dfrac{2}{\sqrt{5}}=\dfrac{2\times\sqrt{5}}{\sqrt{5}\times\sqrt{5}}=\dfrac{2\sqrt{5}}{5}$

分母と分子に$\sqrt{5}$をかける

$\sqrt{a^2b}=a\sqrt{b}$

$\sqrt{28}=\sqrt{4\times7}$

2乗になる数を見つける

$=\sqrt{2^2}\times\sqrt{7}$

$=2\sqrt{7}$

$AB=0 \Rightarrow A=0$ または $B=0$

$(x-2)(x+5)=0$

どちらかが0

$x-2=0$ または $x+5=0$

$x=2$，$x=-5$

√の中が同じ部分をまとめる

$2\sqrt{5}+6\sqrt{2}-3\sqrt{5}-4\sqrt{2}$

$=(2-3)\sqrt{5}+(6-4)\sqrt{2}$

$=-\sqrt{5}+2\sqrt{2}$

左辺の因数分解を考える

$x^2+10x+25=0$

5の2倍　5の2乗

$(x+5)^2=0$

$x=-5$

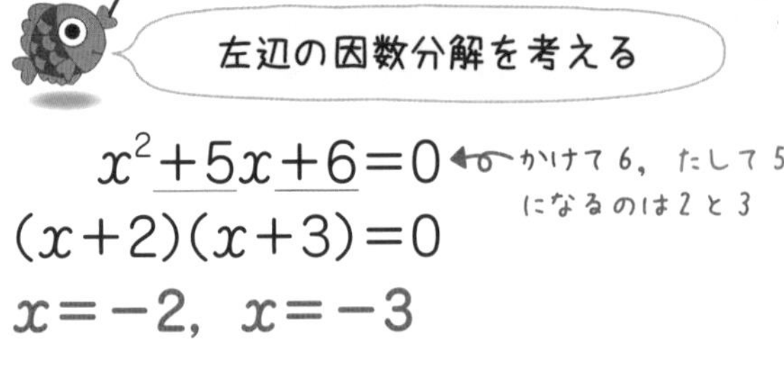
左辺の因数分解を考える

$x^2+5x+6=0$

かけて6，たして5になるのは2と3

$(x+2)(x+3)=0$

$x=-2$，$x=-3$

3　2次方程式

平方根による解き方(1)

次の2次方程式の解は？

$x^2=5$

20

3　2次方程式

平方根による解き方(2)

次の2次方程式の解は？

$(x+2)^2=5$

21

3　2次方程式

解の公式による解き方

次の2次方程式の解は？

$ax^2+bx+c=0$

22

4　関数 $y=ax^2$

2乗に比例する関数の式

y は x の2乗に比例し，$x=3$ のとき，$y=18$ です。y を x の式で表すと？

23

4　関数 $y=ax^2$

$y=ax^2$ のグラフ

［　　］に入ることばは？

$y=ax^2$ のグラフは，［　　］を通り，［　　］軸について対称です。

24

4　関数 $y=ax^2$

変域

$y=-x^2$ の x の変域が $-1 \leqq x \leqq 3$ のときの y の変域は？

25

4　関数 $y=ax^2$

変化の割合

$y=2x^2$ で x の値が1から3まで増加するときの変化の割合は？

x	…	1	…	3	…
y	…	2	…	18	…

26

5　相似な図形

相似比

下の相似な2つの図形の相似比は？

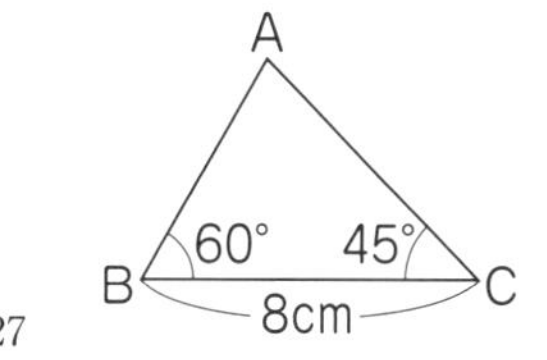

27

5　相似な図形

三角形の相似条件

［　　］に入る三角形の相似条件3つは？

［　　］がすべて等しい。

［　　］がそれぞれ等しい。

［　　］がそれぞれ等しい。

28

5　相似な図形

三角形と比

右の図で，DE//BCのとき，x と y の値は？

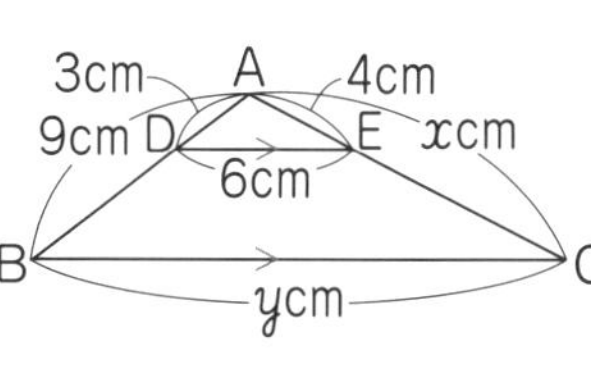

29

$(x+2)$をかたまりとして考える

$(x+2)^2=5$

$x+2=\pm\sqrt{5}$ （平方根を考える）

$x=-2\pm\sqrt{5}$ （+2を移項）

符号に注意！

$x^2=a$の解は，$x=\pm\sqrt{a}$

$x=\pm\sqrt{5}$

正と負の2つあることに注意！

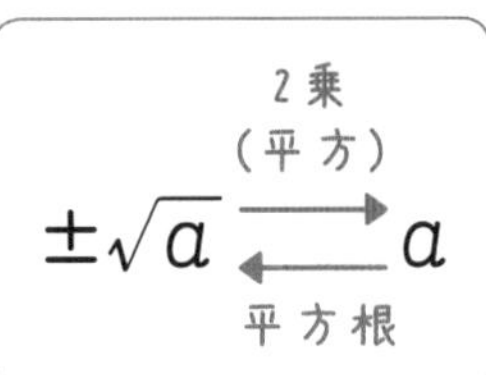

$y=ax^2$とおき，aを求める

$y=2x^2$

$y=ax^2$とおく。

$x=3$，$y=18$だから，

$18=a\times3^2$より，$a=2$

困ったときの最後の手段

$$x=\frac{-b\pm\sqrt{b^2-4ac}}{2a}$$

解の公式は因数分解や平方根の考え方では解けないときに使う

変域に0をふくむときは注意！

$-9\leqq y\leqq 0$

$x=0$のとき最大

➡ $y=-1\times0^2=0$

$x=3$のとき最小

➡ $y=-1\times3^2=-9$

-1 y 3 x O 最大 最小 -9

$y=ax^2$のグラフは放物線

原点

y

$a>0$

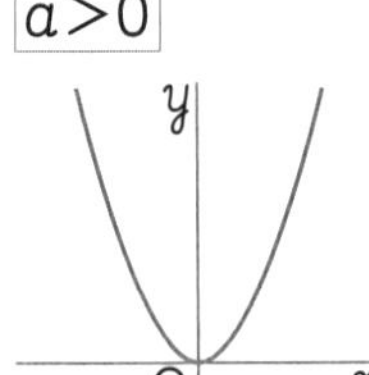

$a<0$

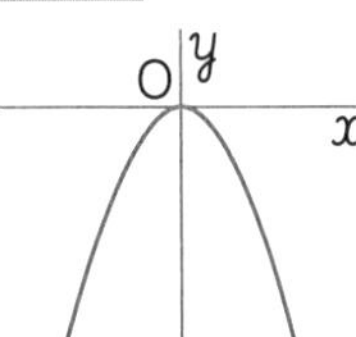

対応する辺の長さに注目

2：1

△ABC∽△DEFだから，

相似の記号

BC：EF＝8：4＝2：1

対応する辺の比を考える

（変化の割合）＝$\frac{(yの増加量)}{(xの増加量)}$

（xの増加量）＝3−1＝2

（yの増加量）＝18−2＝16

（変化の割合）＝$\frac{16}{2}$＝8

AD：AB＝AE：AC＝DE：BC

$3:9=4:x$ （$3x=36$）

$x=12$

$3:9=6:y$ （$3y=54$）

$y=18$

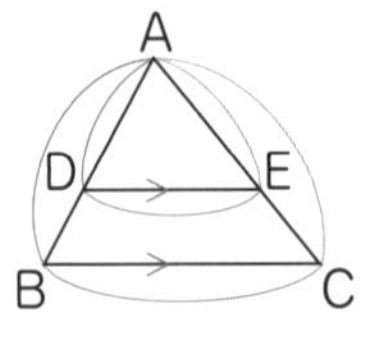

辺の比と角に注目

①3組の辺の比

②2組の辺の比とその間の角

③2組の角

①

②

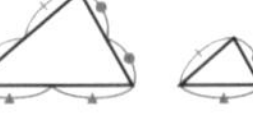

③

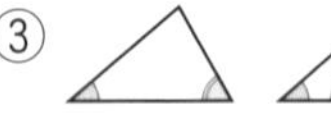

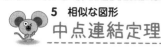

5　相似な図形

中点連結定理

右の図でAM＝BM，AN＝CNのとき，MNとBCの関係は？

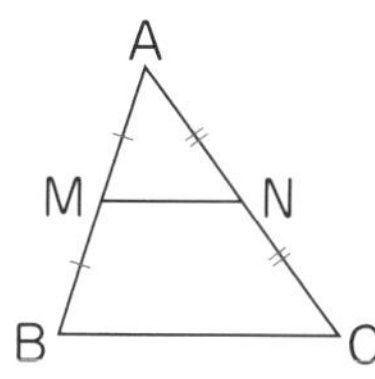

30

5　相似な図形

面積比，体積比

相似比がm：nのとき次の比はいくつ？

(1)　面積比

(2)　表面積の比

(3)　体積比

31

6　三平方の定理

$a^2+b^2=c^2$

右の直角三角形で，xの値は？

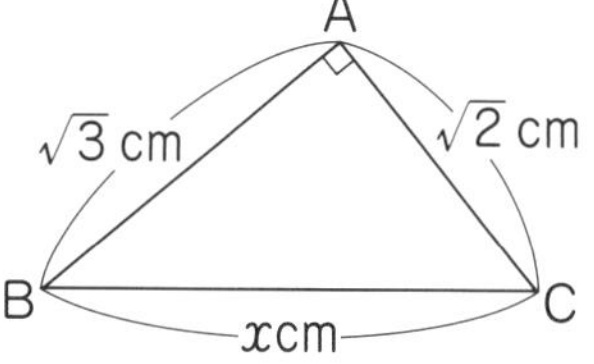

32

6　三平方の定理

直角三角形になるのは

３辺の長さが5cm，6cm，8cmの三角形は直角三角形といえる？

33

6　三平方の定理

三角定規と比

□にあてはまる数は？

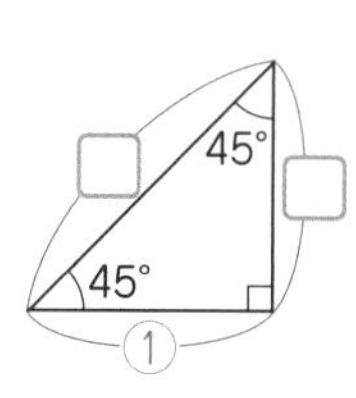

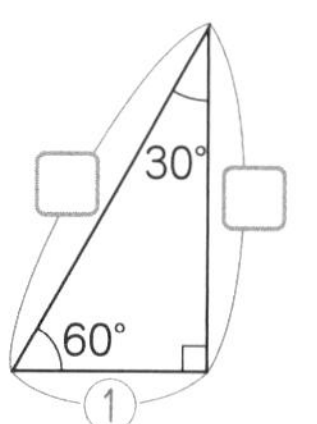

34

6　三平方の定理

直方体の対角線

右の直方体の対角線の長さは？

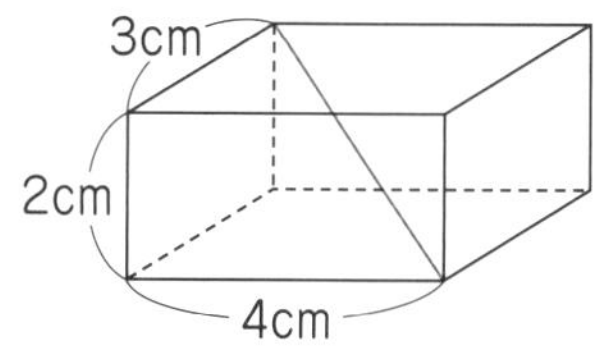

35

7　円

円周角の定理

∠x，∠yの大きさは？

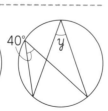

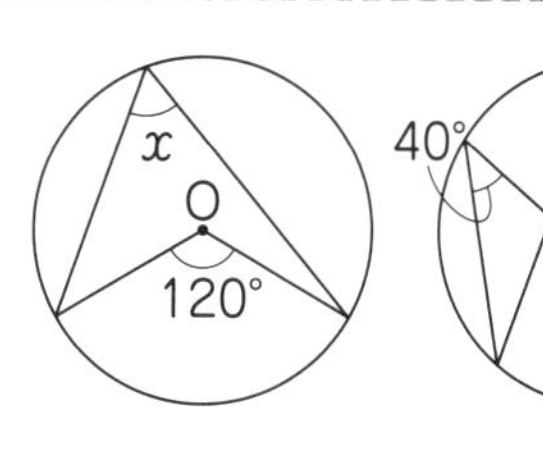

36

7　円

円周角の定理の逆

右の図で，４点A，B，C，Dは同じ円周上にある？

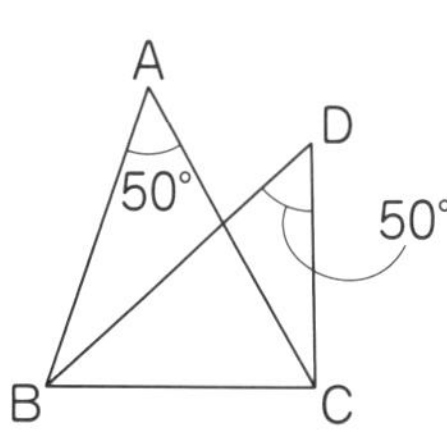

37

8　標本調査

母集団，標本

□にあてはまることばは？

調査をするときの集団全体を□，取り出した一部分を□という。

38

8　標本調査

全数調査，標本調査

□にあてはまることばは？

国勢調査は，□調査で，世論調査は□調査が適切である。

39

面積比は２乗，体積比は３乗

(1)　$m^2 : n^2$

(2)　$m^2 : n^2$

(3)　$m^3 : n^3$

中点⇒中点連結定理の利用を！

MN//BC

$MN = \frac{1}{2}BC$

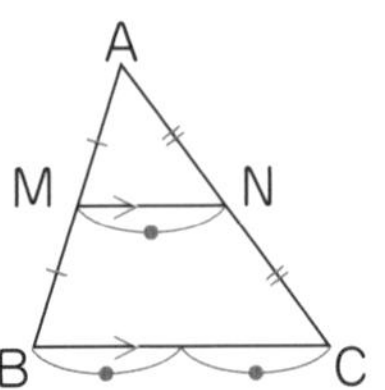

$a^2+b^2=c^2$となるか確認

いえない

$c^2=8^2=64$

$a^2+b^2=5^2+6^2$

$=61$

いちばん長い辺をcとする

等しくないから，直角三角形とはいえない

斜辺の位置に注意

$(\sqrt{3})^2+(\sqrt{2})^2=x^2$

$x^2=5$

辺BCが斜辺

$x>0$だから，$x=\sqrt{5}$

対角線は，$\sqrt{(縦)^2+(横)^2+(高さ)^2}$

$\sqrt{29}$ cm

$\sqrt{3^2+4^2+2^2}=\sqrt{9+16+4}$

$=\sqrt{29}$

三角定規の比を覚えておこう！

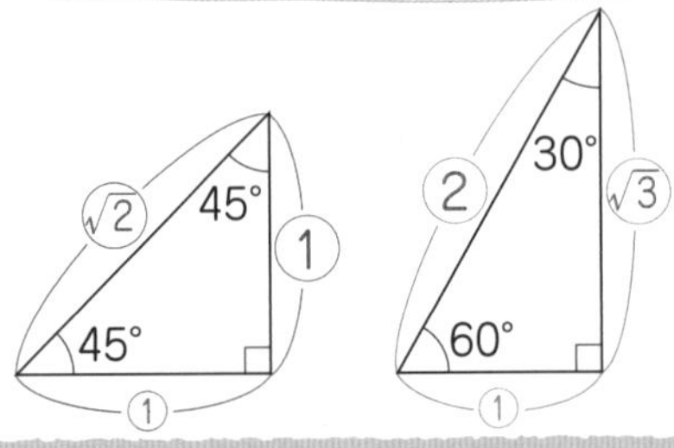

等しい角度を探そう

ある

∠BAC＝∠BDCより，

円周角の定理の逆が

成り立つ。

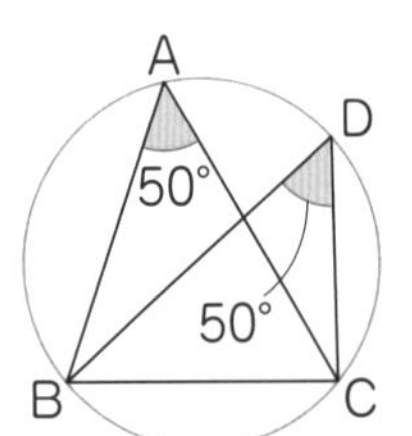

中心角や弧に注目

$\angle x=60°$，$\angle y=40°$

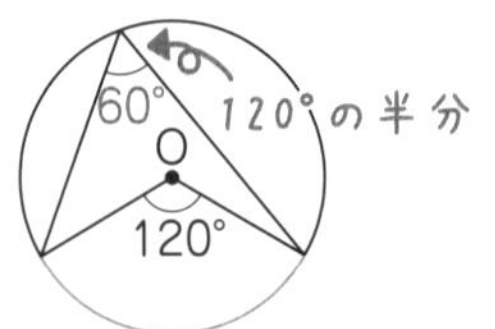

調査対象の必要性を考えよう

全数，標本

全数調査…全体を調べる調査

標本調査…一部分のみを調べる調査

調査対象を考えよう

母集団，標本

母集団…傾向を知りたい集団全体

標本…母集団の一部分を取り出して

調べたもの

わからないを
わかるにかえる
中3数学

文理

もくじ contents

1 多項式の計算

1 多項式と単項式のかけ算，わり算 …… 6
多項式と単項式の乗法，除法

2 式を展開しよう …… 8
式の展開

3 $(x+a)(x+b)$を展開しよう …… 10
乗法公式①

4 $(x\pm a)^2$を展開しよう …… 12
乗法公式②，③

5 $(x+a)(x-a)$を展開しよう …… 14
乗法公式④

6 乗法公式を使って計算しよう …… 16
いろいろな式の展開

7 共通な文字や数を見つけよう …… 18
因数分解と共通因数

8 $x^2+(a+b)x+ab$を因数分解しよう …… 20
因数分解の公式①

9 $x^2\pm2ax+a^2$を因数分解しよう …… 22
因数分解の公式②，③

10 x^2-a^2を因数分解しよう …… 24
因数分解の公式④

11 文字を使って説明しよう …… 26
式の計算の利用

まとめのテスト …… 28

特集 因数分解を利用すべし!! …… 30

2 平方根

12 2乗してaになる数は？ …… 32
平方根

13 平方根の大きさを比べよう …… 34
平方根の大小

14 近似値と有効数字 …… 36
数値の表し方を知ろう

15 $\sqrt{\ }$がついた数のかけ算，わり算 …… 38
根号がついた数の乗法，除法

16 $\sqrt{a^2b}\Leftrightarrow a\sqrt{b}$の変形をしよう …… 40
根号がついた数の変形

17 分母の$\sqrt{\ }$をなくそう …… 42
分母の有理化

18 $\sqrt{\ }$がついた数のたし算，ひき算 …… 44
根号がついた数の加法，減法

19 公式を使って計算しよう …… 46
いろいろな計算

まとめのテスト …… 48

特集 近似値を求めよう!! …… 50

3 2次方程式

20 x^2をふくむ方程式 …… 52
2次方程式

21 因数分解を使って解こう …… 54
2次方程式の解き方(1)

22 平方根を使って解こう …… 56
2次方程式の解き方(2)

23 解の公式を使って解こう …… 58
2次方程式の解の公式

24 右辺を0にして解こう …… 60
いろいろな方程式

25 2次方程式を使って解こう …… 62
2次方程式の利用

まとめのテスト …… 64

特集 2次方程式を利用して箱をつくろう!! …… 66

4 関数 $y=ax^2$

26 $y=ax^2$と表される関数 …… 68
2乗に比例する関数

27 比例定数と式を求めよう …… 70
関数$y=ax^2$の式の求め方

28 $a>0$のときのグラフをかこう …… 72
関数$y=ax^2$のグラフのかき方(1)

29 $a<0$のときのグラフをかこう …… 74
関数$y=ax^2$のグラフのかき方(2)

30 xとyの範囲を考えよう …… 76
関数$y=ax^2$の変域

31 xとyの増え方に注目しよう …… 78
関数$y=ax^2$の変化の割合

32 $y=ax^2$を使って解こう …… 80
関数$y=ax^2$の利用

33 グラフが階段状になる関数 …… 82
いろいろな関数

まとめのテスト …… 84

特集 関数$y=ax^2$を使って時間を計る!? …… 86

5 相似な図形

34 形が同じで大きさがちがう図形 …… 88
相似な図形

35 三角形が相似になるのは？ …… 90
三角形の相似条件

36 相似条件を使って証明しよう …… 92
三角形の相似の証明

37 比を使って長さを求めよう …… 94
三角形と線分の比

38 中点を結ぶと？ …… 96
中点連結定理

39 面積，体積を比べよう …… 98
相似な図形の面積比，体積比

まとめのテスト …… 100

特集 相似を利用してビルの高さを求めよう!! …… 102

6 三平方の定理

40 直角三角形の辺の関係 …… 104
三平方の定理

41 直角三角形を見つけよう …… 106
三平方の定理の逆

42 三角定規と三平方の定理 …… 108
平面図形への利用

43 立体の長さを求めよう …… 110
空間図形への利用

まとめのテスト …… 112

特集 直角をつくるには？ …… 114

7 円

44 円周角と中心角とは？ …… 116
円周角の定理

45 4点が同じ円周上にあるとき …… 118
円周角の定理の逆

46 円の性質を考えよう …… 120
円周角の定理の利用

まとめのテスト …… 122

特集 シュートが入りやすいのはどっち？ …… 124

8 標本調査

47 調査の方法を知ろう …… 126
全数調査と標本調査

まとめのテスト …… 128

解答と解説 …… 別冊

イラスト：artbox，田中美華，ユニックス

この本の特色と使い方

1単元は，2ページ構成です。

左ページの例題を解いて，右ページの問題にチャレンジしよう！

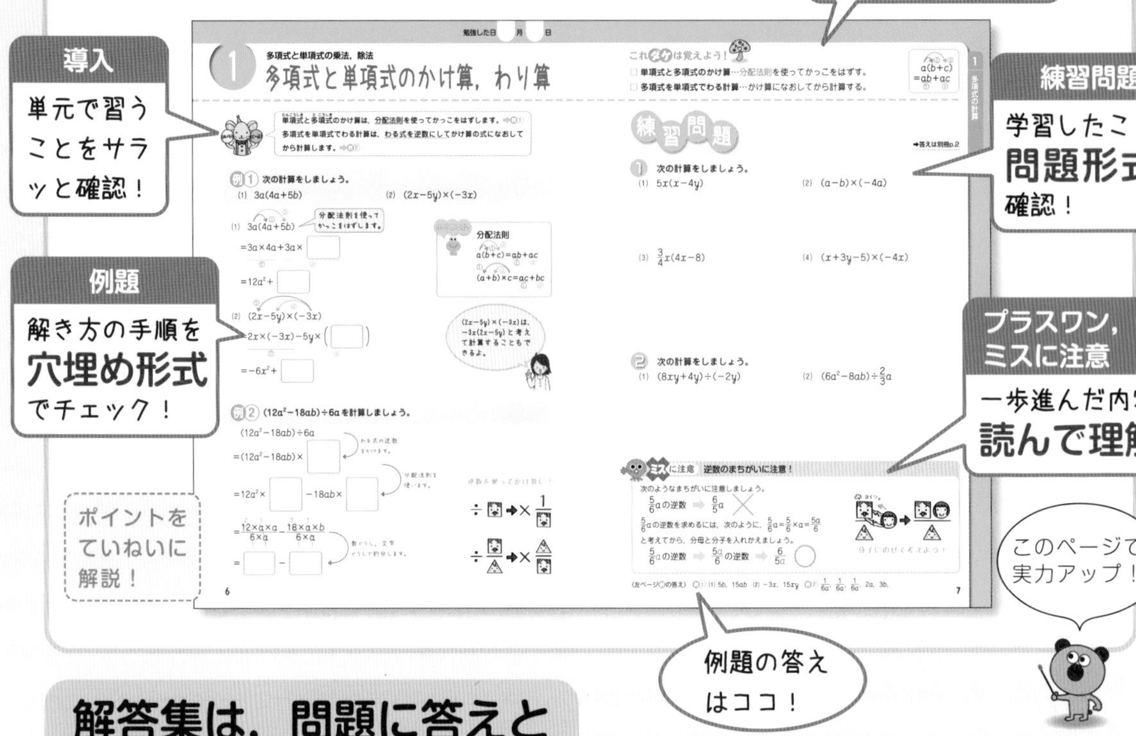
これダケは覚えよう!
理解しておきたい**ポイント**を解説！
導入
単元で習うことをサラッと確認！
例題
解き方の手順を**穴埋め形式**でチェック！
ポイントをていねいに解説！
練習問題
学習したことを**問題形式**で確認！
プラスワン，ミスに注意
一歩進んだ内容を**読んで理解**
このページで実力アップ！
例題の答えはココ！
1 多項式と単項式の乗法，除法
多項式と単項式のかけ算，わり算
練習問題

解答集は，問題に答えと解き方が入っています。

問題を解いたら，答え合わせをしよう！

解答集はとりはずして使えるよ！

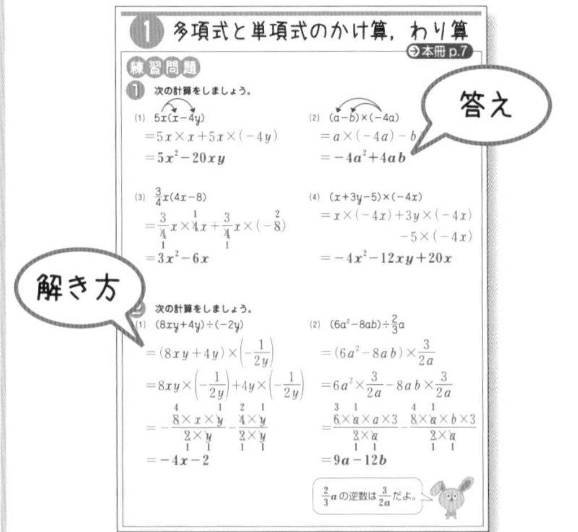
1 多項式と単項式のかけ算，わり算
本冊 p.7
練習問題
答え
解き方

- **単元のまとまりごとに，まとめのテストがあります。**
テスト形式になっているよ。学習したことが定着したかチェックしよう！

- **単元のまとまりの最後には，特集のページがあります。**
読んで得する 読ん得コラム で数学を楽しく理解しよう！

付録カードで，みるみるわかる！

ちょっとした時間にも確認できる！

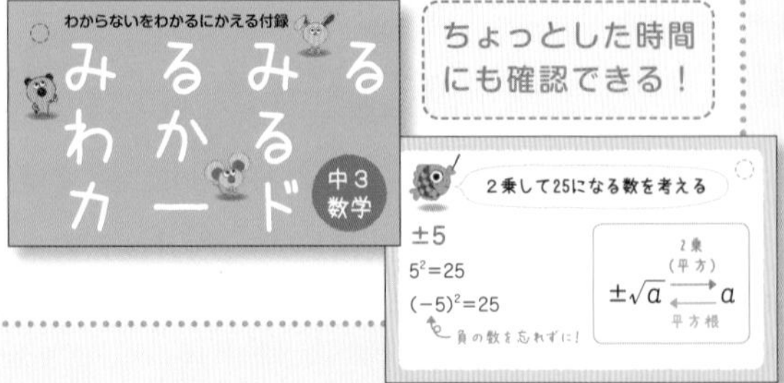
わからないをわかるにかえる付録
みるみるわかるカード
中3 数学
2乗して25になる数を考える
±5
$5^2=25$
$(-5)^2=25$
負の数を忘れずに！
2乗（平方）
平方根

1 多項式の計算

３年生の最初は，多項式どうしのかけ算（展開）や，その逆の計算（因数分解）を学習します。今までに習った分配法則を思い出しつつ，計算方法を学びましょう。

多項式と単項式の乗法，除法

多項式と単項式のかけ算，わり算

単項式と多項式のかけ算は，分配法則を使ってかっこをはずします。➡例①
多項式を単項式でわる計算は，わる式を逆数にしてかけ算の式になおしてから計算します。➡例②

例① 次の計算をしましょう。

(1) $3a(4a+5b)$　　(2) $(2x-5y)\times(-3x)$

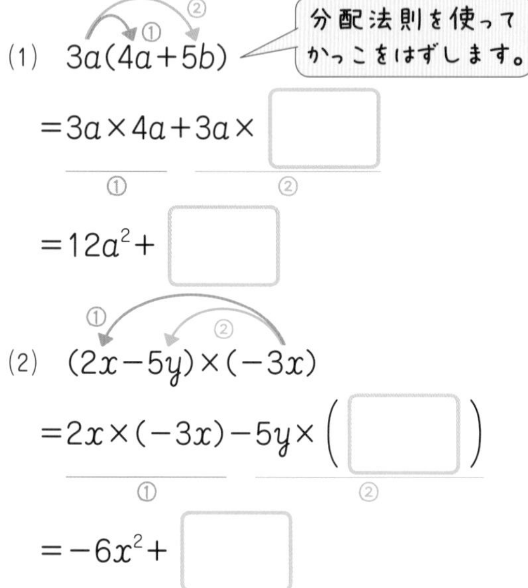

分配法則を使ってかっこをはずします。
(1) 3a(4a+5b)
=3a×4a+3a×
=12a²+
(2) (2x−5y)×(−3x)
=2x×(−3x)−5y×( )
=−6x²+

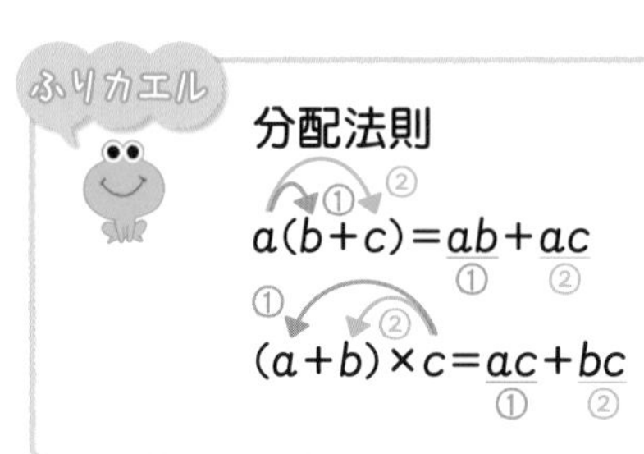

ふりカエル
分配法則
a(b+c)=ab+ac
(a+b)×c=ac+bc

$(2x-5y)\times(-3x)$は，$-3x(2x-5y)$と考えて計算することもできるよ。

例② $(12a^2-18ab)\div 6a$を計算しましょう。

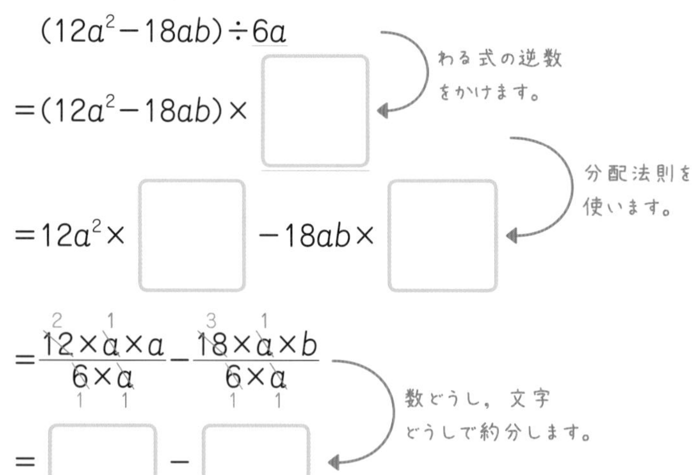

(12a²−18ab)÷6a
=(12a²−18ab)×
わる式の逆数をかけます。
=12a²× −18ab×
分配法則を使います。
=12×a×a/6×a − 18×a×b/6×a
数どうし，文字どうしで約分します。
= −

逆数を使ってかけ算に！

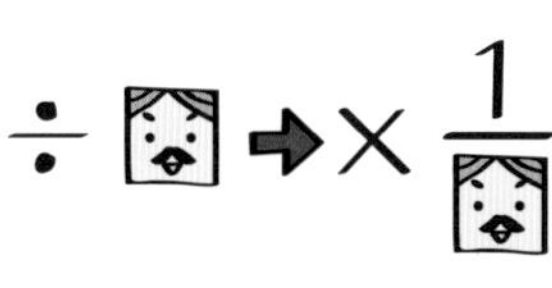

□ **単項式と多項式のかけ算**…分配法則を使ってかっこをはずす。

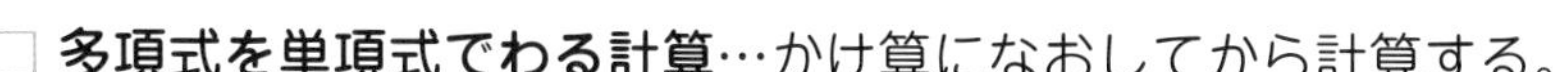
□ **多項式を単項式でわる計算**…かけ算になおしてから計算する。

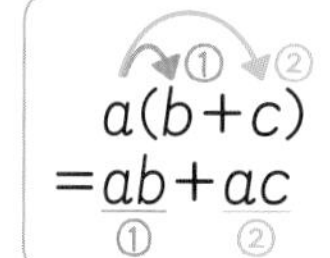

➡答えは別冊p.2

1 次の計算をしましょう。

(1) $5x(x-4y)$

(2) $(a-b)\times(-4a)$

(3) $\frac{3}{4}x(4x-8)$

(4) $(x+3y-5)\times(-4x)$

2 次の計算をしましょう。

(1) $(8xy+4y)\div(-2y)$

(2) $(6a^2-8ab)\div\frac{2}{3}a$

ミスに注意　逆数のまちがいに注意！

次のようなまちがいに注意しましょう。

$\frac{5}{6}a$の逆数 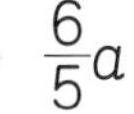 $\frac{6}{5}a$ ×

$\frac{5}{6}a$の逆数を求めるには，次のように，$\frac{5}{6}a=\frac{5}{6}\times a=\frac{5a}{6}$

と考えてから，分母と分子を入れかえましょう。

$\frac{5}{6}a$の逆数 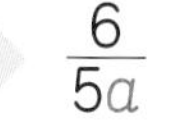 $\frac{5a}{6}$の逆数  $\frac{6}{5a}$ ○

分子にのせて考えよう！

〈左ページ例の答え〉 例① (1) $5b$，$15ab$ (2) $-3x$，$15xy$ 例② $\frac{1}{6a}$，$\frac{1}{6a}$，$\frac{1}{6a}$，$2a$，$3b$，

2 式の展開
式を展開しよう

(単項式)×(多項式)，または，(多項式)×(多項式)の計算で，かっこをはずして単項式の和の形の式にすることを**展開する**(てんかい)といいます。
式の展開では，かっこをはずした後，同類項があればまとめます。

例1 $(a+b)(c+d)$を展開しましょう。

$c+d$をひとまとまりと考えて，
$c+d=M$とすると，

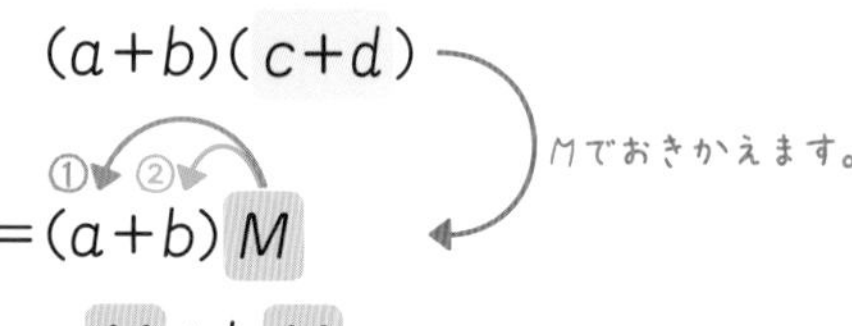

Mでおきかえます。

$(a+b)(c+d)$

$=(a+b)M$

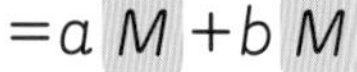

$=aM+bM$

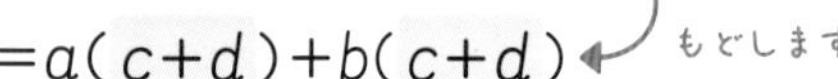

$=a(c+d)+b(c+d)$

$=$ □

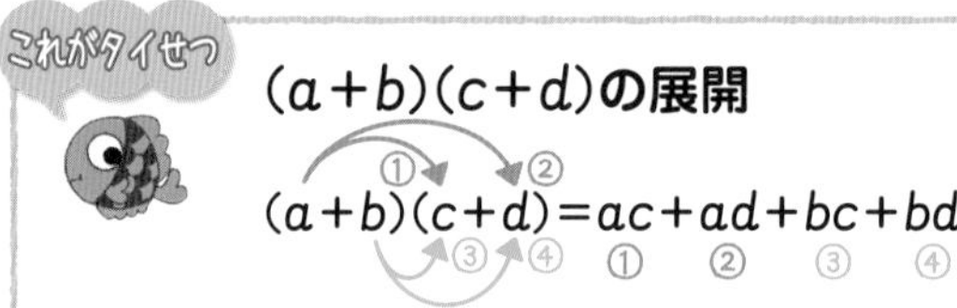

$(a+b)(c+d)$の展開

$(a+b)(c+d)=ac+ad+bc+bd$
① ② ③ ④

例2 次の式を展開しましょう。

(1) $(x+3)(y+2)$　　(2) $(3x-2)(x+4)$

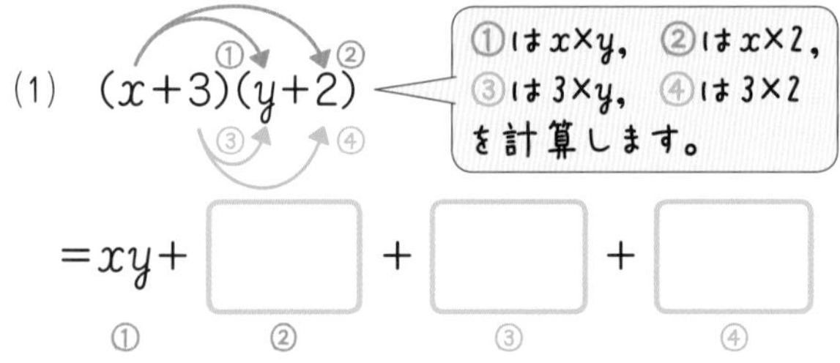

(1) $(x+3)(y+2)$

$=xy+$ □ $+$ □ $+$ □
① ② ③ ④

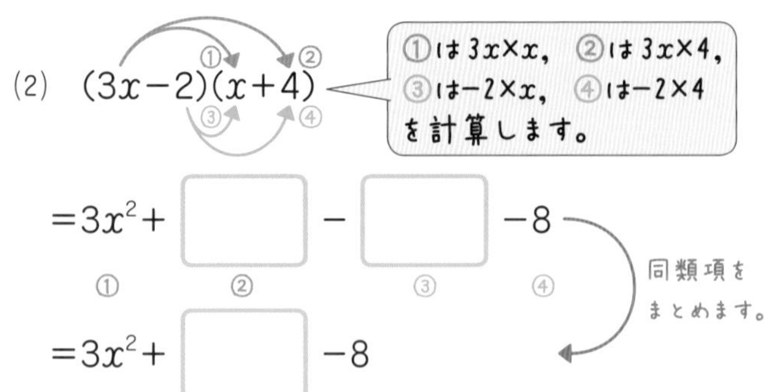

(2) $(3x-2)(x+4)$

$=3x^2+$ □ $-$ □ -8
① ② ③ ④

$=3x^2+$ □ -8

4回かけることが大事！

これダケは覚えよう！

□ **展開**…かっこをはずして，単項式の和の形の式にすること。

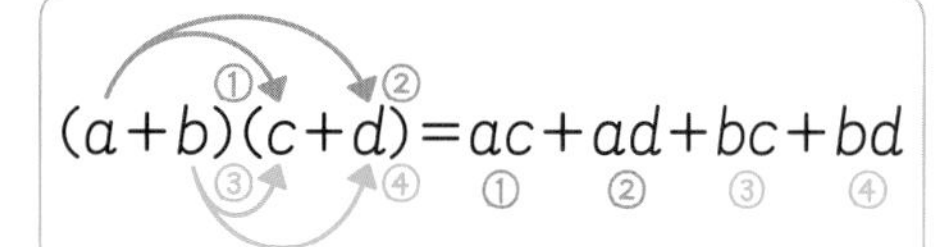

➡答えは別冊p.2

1 **次の式を展開しましょう。**

(1) $(a+b)(c-d)$

(2) $(x+1)(y-5)$

(3) $(x+3)(x+6)$

(4) $(a-3)(a-5)$

(5) $(2x+y)(x-3y)$

(6) $(2a-b)(3a-2b)$

プラスワン　かっこの中の項が３つになったら…

$(a+3)(a+b-2)$の展開は，$a+b-2$をひとまとまりにして考えます。
$a+b-2=M$ とすると，

$$\begin{aligned}(a+3)(a+b-2)&=(a+3)M\\&=aM+3M\\&=a(a+b-2)+3(a+b-2)\\&=a^2+ab-2a+3a+3b-6\\&=a^2+ab+a+3b-6\end{aligned}$$

Mをもとにもどします。

同類項をまとめます。

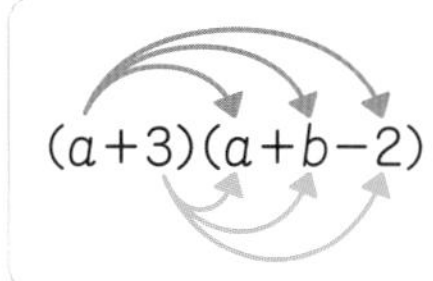

〈左ページ例の答え〉 例1 $ac+ad+bc+bd$　例2 (1) $2x$，$3y$，6　(2) $12x$，$2x$，$10x$

乗法公式①

$(x+a)(x+b)$を展開しよう

展開の計算は，かける回数が多くてたいへんです。そこで，よく出てくる計算について，「こういうときは，このような結果となる」ということを公式として覚えておくと，展開の計算を楽にすることができます。それが**乗法公式**です。

例1 次の式を展開しましょう。

(1) $(x+3)(x+4)$　　(2) $(x+a)(x+b)$

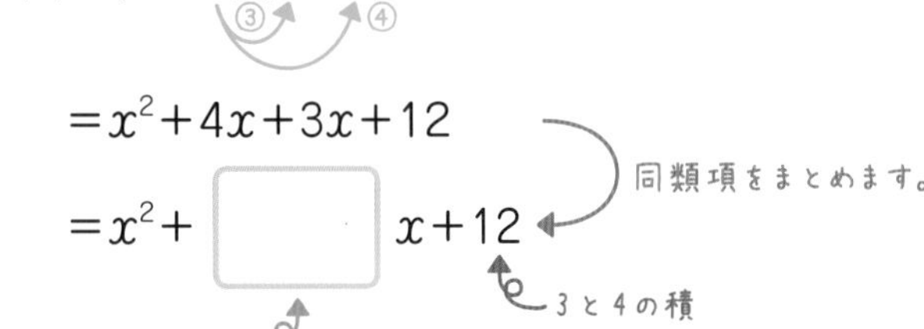

(1) $(x+3)(x+4)$

$=x^2+4x+3x+12$ 　同類項をまとめます。

$=x^2+\square x+12$

3と4の和　3と4の積

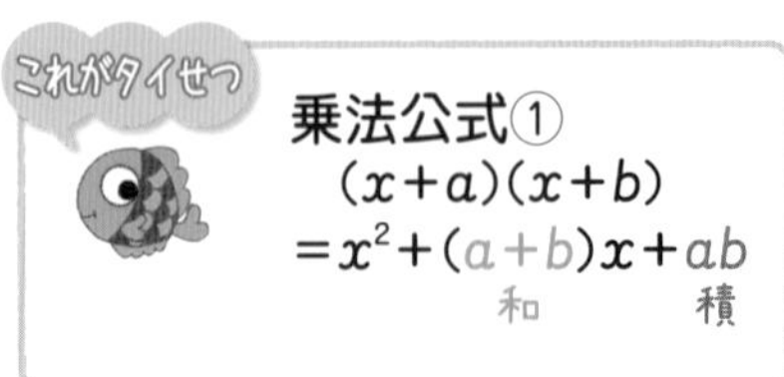

乗法公式①

$(x+a)(x+b)$
$=x^2+(a+b)x+ab$
　　和　　積

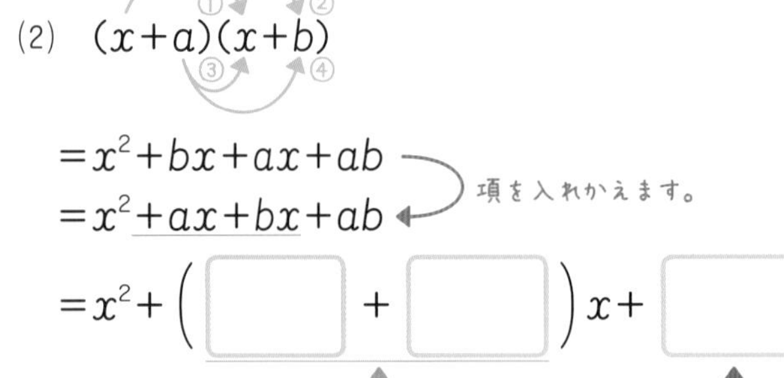

(2) $(x+a)(x+b)$

$=x^2+bx+ax+ab$ 　項を入れかえます。

$=x^2+ax+bx+ab$

$=x^2+(\square+\square)x+\square$

aとbの和　aとbの積

例2 乗法公式①を使って，次の式を展開しましょう。

(1) $(x+5)(x+2)$　　(2) $(x-2)(x-6)$

(1) $(x+5)(x+2)=x^2+(5+2)x+5\times2$

和　積

5と2の和，5と2の積を考えます。

$=x^2+\square x+\square$

(2) $(x-2)(x-6)=x^2+\{(-2)+(-6)\}x+(-2)\times(-6)$

和　積

−2と−6の和，−2と−6の積を考えます。

$=x^2-\square x+\square$

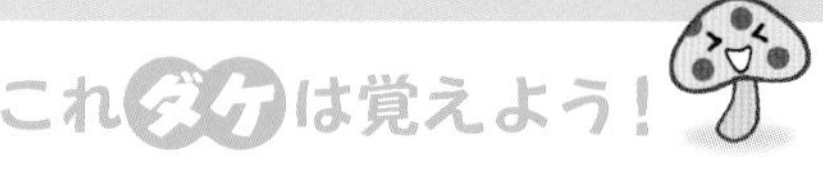

□ 乗法公式①…$(x+a)(x+b)=x^2+(\underset{和}{a+b})x+\underset{積}{ab}$

➡答えは別冊p.2

1 乗法公式①を使って，次の式を展開しましょう。

(1) $(x+4)(x+5)$

(2) $(x+10)(x-3)$

(3) $(x-8)(x+5)$

(4) $(x-9)(x-4)$

(5) $(y+7)(y-2)$

(6) $\left(x-\frac{1}{2}\right)\left(x-\frac{3}{2}\right)$

ミスに注意　乗法公式①が使えない形もある！

次の式の展開の計算はまちがいです。

$(x+5)(y+6)=x^2+(5+6)x+5\times6$
$=x^2+11x+30$　×

この問題では，$(x+5)(y+6)$のxとyの部分がちがうので，乗法公式①は使えません。正しくは，次の通りです。

$(x+5)(y+6)=xy+6x+5y+30$　○

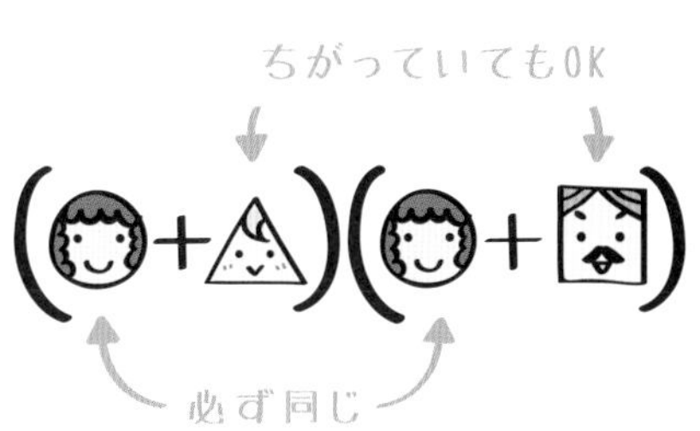

〈左ページ例の答え〉 例1 (1) 7　(2) a，b，ab　例2 (1) 7，10　(2) 8，12

4 乗法公式②，③ $(x \pm a)^2$ を展開しよう

展開には，他にも公式があります。今回は，$(x+a)^2$ や $(x-a)^2$ のような形をした式の展開の公式を学習します。a の2倍，2乗に注目することがポイントです。

例1 乗法公式①を使って，次の式を展開しましょう。

(1) $(x+a)^2$　　(2) $(x-a)^2$

(1) $(x+a)^2=(x+a)(x+a)$

$=x^2+\underline{(a+a)}x+\underline{a \times a}$ ← 乗法公式①を使います。

（和）（積）

$=x^2+\square x+\square$

符号はプラス　a の2倍　a の2乗

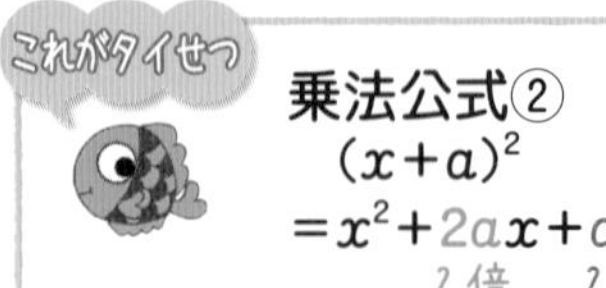

乗法公式②
$(x+a)^2$
$=x^2+2ax+a^2$
2倍　2乗

乗法公式③
$(x-a)^2$
$=x^2-2ax+a^2$
2倍　2乗

(2) $(x-a)^2=(x-a)(x-a)$

$=x^2+\underline{\{(-a)+(-a)\}}x+\underline{(-a)\times(-a)}$

（和）（積）

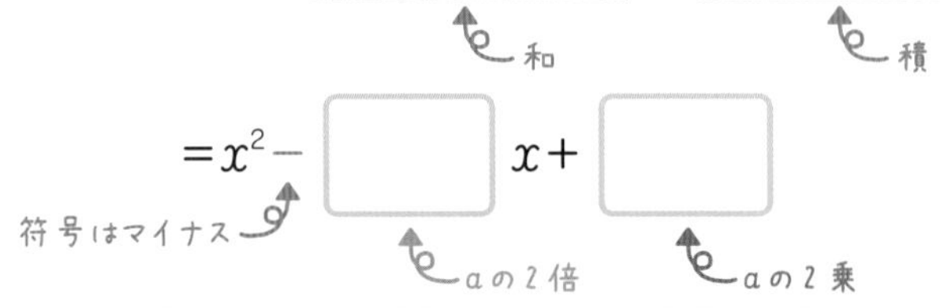

$=x^2-\square x+\square$

符号はマイナス　a の2倍　a の2乗

例2 乗法公式②，③を使って，次の式を展開しましょう。

(1) $(x+5)^2$　　(2) $(x-5)^2$

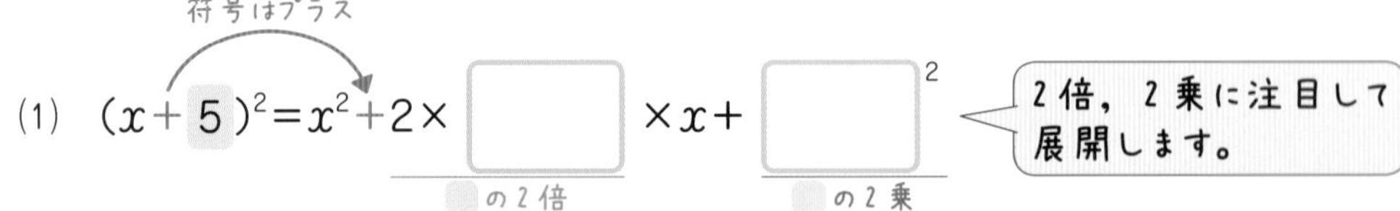

(1) $(x+5)^2=x^2+2\times\square\times x+\square^2$

符号はプラス　□の2倍　□の2乗

2倍，2乗に注目して展開します。

$=x^2+\square x+\square$

(2) $(x-5)^2=x^2-2\times\square\times x+\square^2$

符号はマイナス　□の2倍　□の2乗

$=x^2-\square x+\square$

□ 乗法公式②…$(x+a)^2=x^2+\overset{2倍}{2ax}+\overset{2乗}{a^2}$　（和の平方）

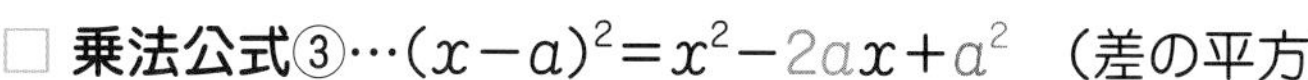

□ 乗法公式③…$(x-a)^2=x^2-2ax+a^2$　（差の平方）

➡答えは別冊p.2

1 **乗法公式①を使って，次の式を展開しましょう。**

(1) $(x+6)^2$　　(2) $(x-6)^2$

2 **乗法公式②，③を使って，次の式を展開しましょう。**

(1) $(x+7)^2$　　(2) $(3-y)^2$

(3) $(a+b)^2$　　(4) $\left(x-\dfrac{2}{3}\right)^2$

プラスワン　乗法公式②だけ覚えればOK！

例①では，2つの乗法公式を学習しましたが，実は，乗法公式②から，乗法公式③をつくることもできるのです。

$(x-a)^2=\{x+(-a)\}^2$

と考えて，乗法公式②を使って展開すると，

$(x-a)^2=\{x+(-a)\}^2$
$=x^2+2\times(-a)\times x+(-a)^2$
$=x^2-2ax+a^2$

これは，乗法公式③になります。
このように，公式の成り立ちを知っておくと，覚える公式の数を減らすことができますし，忘れてしまっても，思い出すことができます。
乗法公式②と乗法公式③をまとめて，

$(x\pm a)^2=x^2\pm 2ax+a^2$

（±：プラスマイナスと読みます。）

と書くことがあります。

〈左ページ例の答え〉 例① (1) $2a$，a^2　(2) $2a$，a^2　例② (1) 5，5，10，25　(2) 5，5，10，25

乗法公式④

$(x+a)(x-a)$を展開しよう

展開の公式はまだ他にもあります。
ここでは，和と差の積と呼ばれている$(x+a)(x-a)$の形の式の展開を学習します。

$(x+a)(x-a)$
和　差

例1 乗法公式①を使って，次の式を展開しましょう。

(1) $(x+3)(x-3)$　　(2) $(x+a)(x-a)$

(1) $(x+3)(x-3)$

$=x^2+\{3+(-3)\}x+3\times(-3)$ ← 乗法公式①を使います。

↑ $3+(-3)=0$なので，xの項が消える！

$=x^2-$ □

(2) $(x+a)(x-a)$

$=x^2+\{a+(-a)\}x+a\times(-a)$ ← 乗法公式①を使います。

↑ $a+(-a)=0$なので，xの項が消える！

$=x^2-$ □

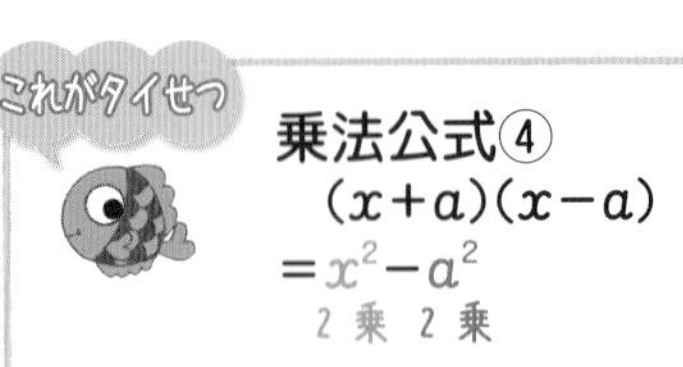

乗法公式④
$(x+a)(x-a)$
$=x^2-a^2$
2乗　2乗

例2 乗法公式④を使って，次の式を展開しましょう。

(1) $(x+5)(x-5)$　　(2) $(6+b)(6-b)$　　(3) $(3+x)(x-3)$

(1) $(x+5)(x-5)=x^2-$ □^{2} $=x^2-$ □

2乗　2乗

(2) $(6+b)(6-b)=6^2-$ □^{2} $=$ □ $-$ □

↑ ここが数でも公式が使えます。

(3) $(3+x)(x-3)=(x+3)(x-3)$

↑ たし算は入れかえることができます。

$=x^2-$ □^{2}

$=$ □ $-$ □

(●＋▲)(●－▲)の形になっていれば，●や▲が数と文字どちらでも公式が使えるよ。

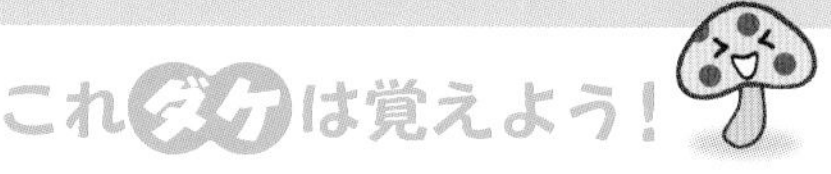

□ 乗法公式④…$(x+a)(x-a)=x^2-a^2$　（和と差の積）
和　差　2乗　2乗

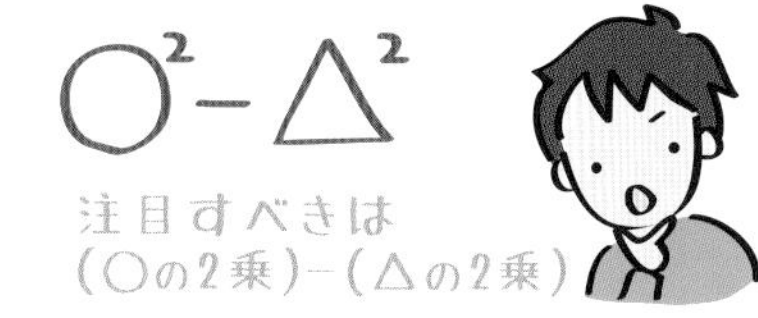

➡答えは別冊p.3

1 乗法公式①を使って，次の式を展開しましょう。

(1) $(x+4)(x-4)$　　(2) $(a+b)(a-b)$

2 乗法公式④を使って，次の式を展開しましょう。

(1) $(x+9)(x-9)$　　(2) $(10+a)(10-a)$

(3) $(x-y)(y+x)$　　(4) $\left(m+\frac{2}{5}\right)\left(m-\frac{2}{5}\right)$

文字だとわからなくなってしまうときは…

乗法公式を使うときに，なんだか文字ばかりで混乱してしまうことはありませんか？
そんなときは，右のように，x や a のような文字のかわりに，○や△などの中に数や文字を入れて考えるとわかりやすくなります。

ぼくたちを使ってね

例　$(x+8)^2$ の展開

$(\textcircled{x}+\triangle 8)^2=\textcircled{x}^2+2\times\triangle 8\times\textcircled{x}+\triangle 8^2$
$=x^2+16x+64$

例　$(x+8)(x-8)$ の展開

$(\textcircled{x}+\triangle 8)(\textcircled{x}-\triangle 8)=\textcircled{x}^2-\triangle 8^2$
$=x^2-64$

〈左ページ例の答え〉　例1 (1) 9　(2) a^2　例2 (1) 5，25　(2) b，36，b^2　(3) 3，x^2，9

6 いろいろな式の展開
乗法公式を使って計算しよう

$3x$など１つの項を１つのまとまりとすると公式が使える場合があります。➡例①
また，乗法公式を２回使うと計算できる場合もあります。➡例②
どの乗法公式が使えるか，確認しながら展開しましょう。

例① 次の式を展開しましょう。

(1)　$(3x+4)(3x+5)$　　(2)　$(2a-3b)^2$

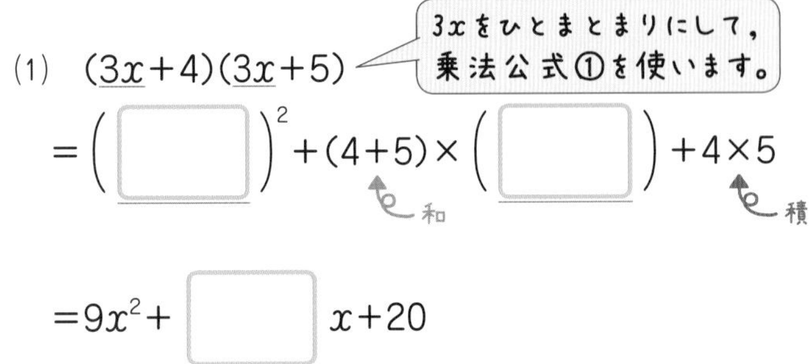

3xをひとまとまりにして，
乗法公式①を使います。
和
積

(1)　$(3x+4)(3x+5)$

$=(\square)^2+(4+5)\times(\square)+4\times5$

$=9x^2+\square x+20$

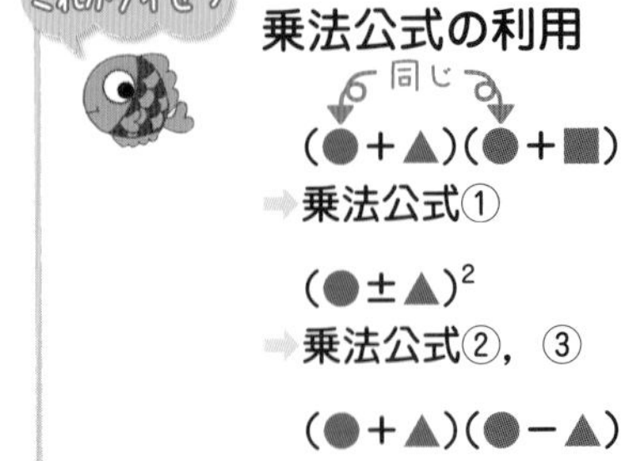

これがタイせつ
乗法公式の利用
同じ
(●＋▲)(●＋■)
➡乗法公式①
(●±▲)²
➡乗法公式②，③
(●＋▲)(●－▲)
➡乗法公式④

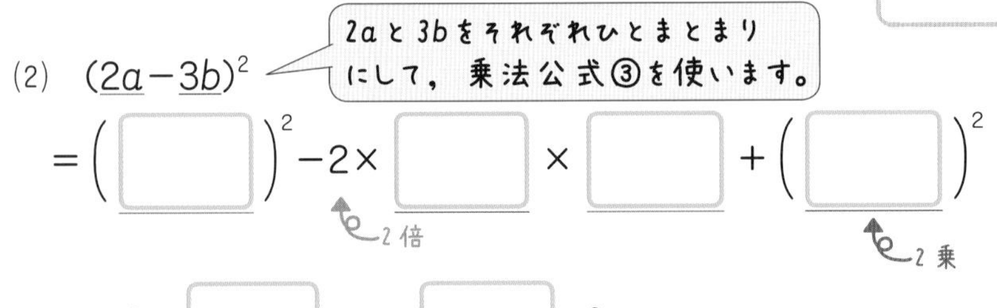

2aと3bをそれぞれひとまとまり
にして，乗法公式③を使います。
2倍
2乗

(2)　$(2a-3b)^2$

$=(\square)^2-2\times\square\times\square+(\square)^2$

$=4a^2-\square ab+\square b^2$

式の形を見て，どの乗法公式が使えるか考えよう。

例② $(x+3)^2-(x+4)(x-2)$を計算しましょう。

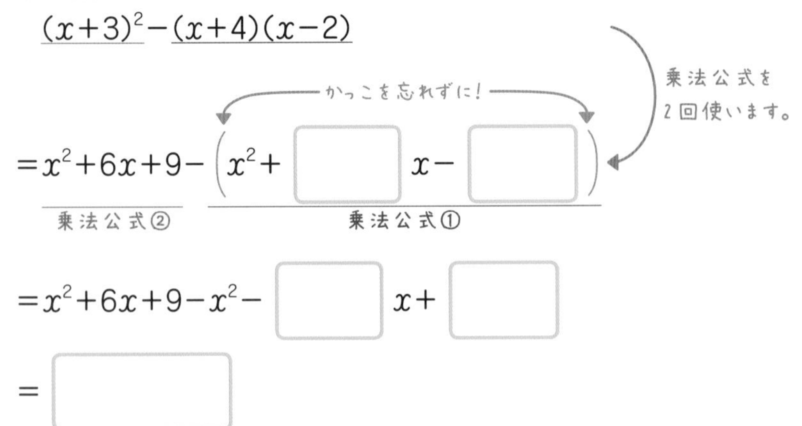

$(x+3)^2-(x+4)(x-2)$

$=x^2+6x+9-(x^2+\square x-\square)$

$=x^2+6x+9-x^2-\square x+\square$

$=\square$

式をひくときは，かっこをつけよう！

これダケは覚えよう！

□ $(2a-3b)^2$ などの展開…$2a$，$3b$ をそれぞれひとまとまりにして，乗法公式を使う。
□ $(x+3)^2-(x+4)(x-2)$ などの展開…乗法公式を２回使う。

➡答えは別冊p.3

1 次の式を展開しましょう。

(1) $(2x+y)(2x+3y)$

(2) $(5a+3)^2$

(3) $(3x-4y)^2$

(4) $(2a+5b)(2a-5b)$

2 次の式を計算しましょう。

(1) $(x+4)(x-4)+(x-5)(x+3)$

(2) $(a+5)^2-(a-5)^2$

プラスワン　公式を忘れてしまったら…

乗法公式の左辺はすべて，(●＋▲)(■＋◆)の形です。

① $(x+a)(x+b)=x^2+(a+b)x+ab$
② $(x+a)^2=x^2+2ax+a^2$
③ $(x-a)^2=x^2-2ax+a^2$
④ $(x+a)(x-a)=x^2-a^2$

乗法公式を忘れたら，次のように展開しましょう。

$(a+b)(c+d)=ac+ad+bc+bd$
　　　　　　①　②　③　④

例　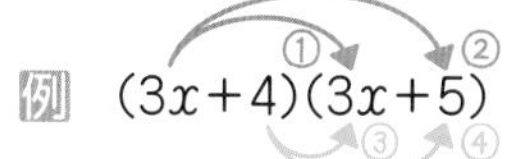

$(3x+4)(3x+5)$

$=9x^2+15x+12x+20$
　①　　②　　③　④

$=9x^2+27x+20$

〈左ページ例の答え〉 例1 (1) $3x$，$3x$，27　(2) $2a$，$3b$，$2a$，$3b$，12，9　例2 2，8，2，8，$4x+17$

7 因数分解と共通因数
共通な文字や数を見つけよう

多項式をいくつかの因数のかけ算の形で表すことを，多項式を因数分解する（いんすうぶんかいする）といいます。
因数分解は，展開と逆の計算です。

$ma+mb$
因数分解 ↓ ↑ 展開
$m(a+b)$

例1 次の式を因数分解しましょう。

(1) $ax+bx$　　(2) a^2-3ab

(1) $ax=a\times x$
$bx=b\times x$

かけ算の形になおして，共通な数や文字（共通因数といいます）を見つけます。

であるから，ax と bx の共通因数は □ 。

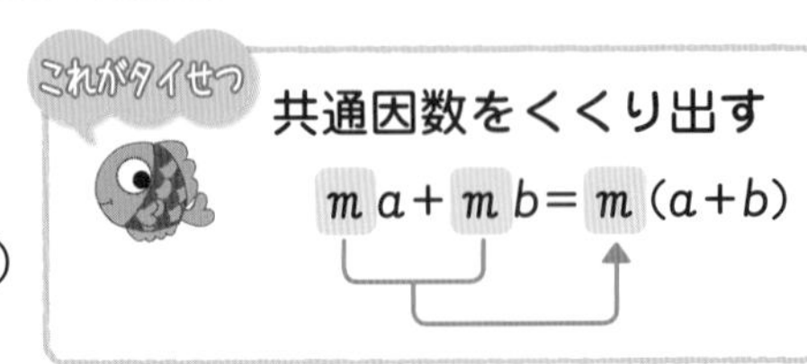

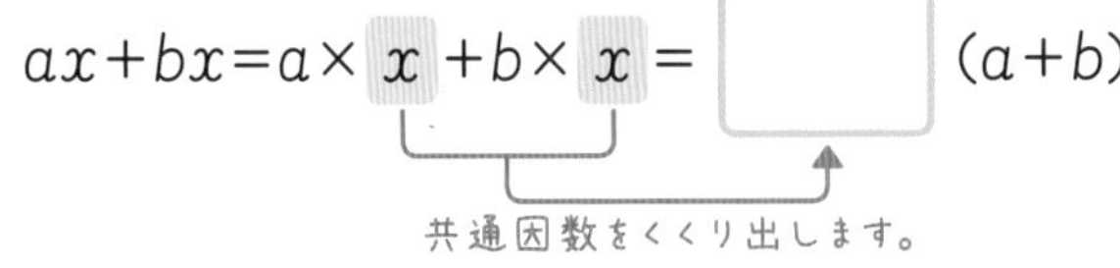

ax+bx=a×x+b×x=□(a+b)
共通因数をくくり出します。

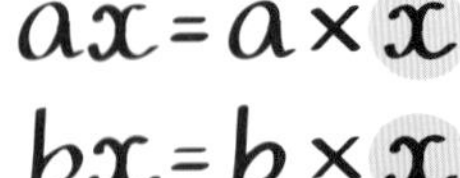

(2) $a^2=a\times a$

累乗もかけ算の形になおします。

$3ab=3\times a\times b$

であるから，a^2 と $3ab$ の共通因数は □ 。

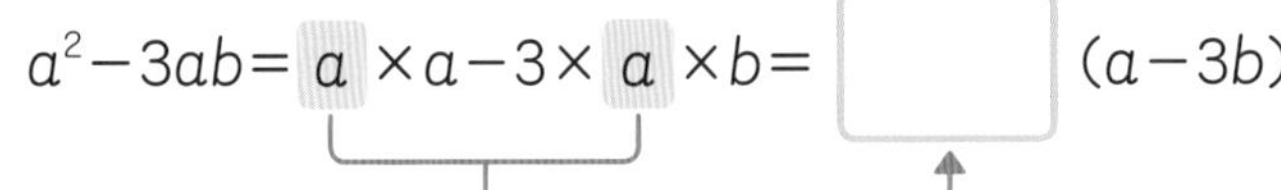

例2 $2ab-4ac$ を因数分解しましょう。

$2ab=2\times a\times b$
$4ac=2\times 2\times a\times c$

数の部分は，素因数分解して，かけ算の形になおします。

であるから，$2ab$ と $4ac$ の共通因数は □ 。← 2×a

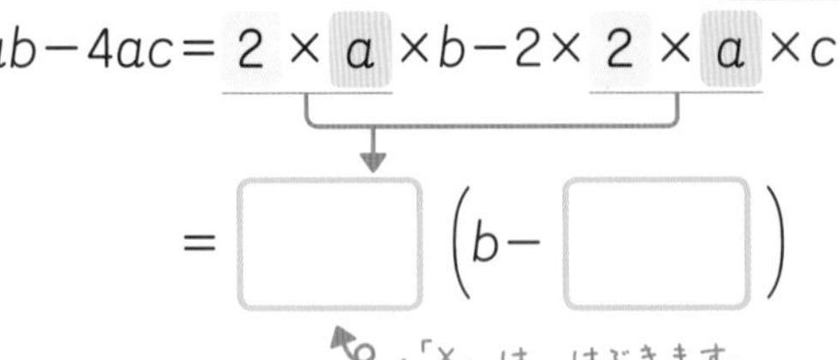

数の部分にも共通因数があるよ。

これダケは覚えよう！

□ **因数分解**…多項式をいくつかの式の**かけ算の形**で表すこと。

□ **共通因数をくくり出す**…多項式の項に共通な因数があるときは，かっこの外に出す。

練習問題

➡答えは別冊p.3

1 次の式を因数分解しましょう。

(1) $mx-my$

(2) x^2+x

(3) a^2b-ab^2

(4) $ax-bx+cx$

2 次の式を因数分解しましょう。

(1) $9x^2y-6xy$

(2) $2x^2+4xy-8x$

ミスに注意 共通因数はすべてくくり出そう！

共通因数をくくり出すとき，次のようなまちがいがよくあります。共通因数を見つけるときは，文字に注目するだけでなく，係数も素因数分解して，共通な素因数がないかどうか調べましょう。

例 $3x^2y+6xy^2$

$=3\times x\times x\times y+6\times x\times y\times y$

$=xy(3x+6y)$ ×

3がくくり出せるので，まだ因数分解できます。

$3x^2y+6xy^2$

$=3\times x\times x\times y+2\times 3\times x\times y\times y$

$=3xy(x+2y)$ ○

これ以上因数分解できません。

〈左ページ例の答え〉 例1 (1) x，x (2) a，a 例2 $2a$，$2a$，$2c$

8 因数分解の公式①
$x^2+(a+b)x+ab$を因数分解しよう

因数分解は展開と逆の計算です。
乗法公式①の左辺と右辺を逆にすると，
因数分解の公式になります。

$x^2+(a+b)x+ab$
因数分解↓　↑展開
$(x+a)(x+b)$

例1 次の式を因数分解しましょう。

(1) $x^2+8x+15$　　(2) x^2-5x-6

(1) $x^2+8x+15$

$a+b=8$，$ab=15$

$x^2+(a+b)x+ab=(x+a)(x+b)$

たして8，かけて15になる2つの数を見つけます。

かけて15となる数の組み合わせは，右のようになり，
このうち，たして8となる2つの数の組は，

□ と □ です。したがって，

$x^2+8x+15=(x+$ □ $)(x+$ □ $)$

かけて15	たして8
1と15	×
−1と−15	×
3と5	○
−3と−5	×

(2) x^2-5x-6

$a+b=-5$，$ab=-6$

$x^2+(a+b)x+ab=(x+a)(x+b)$

たして−5，かけて−6になる2つの数を見つけます。

かけて−6となる数の組み合わせは，右のようになり，
このうち，たして−5となる2つの数の組は，

□ と □ です。したがって，

$x^2-5x-6=(x+$ □ $)(x-$ □ $)$

かけて−6	たして−5
1と−6	○
−1と6	×
2と−3	×
−2と3	×

因数分解をした後，答えを展開して，もとの式になるか確かめよう。

これがタイせつ

因数分解の公式①
$x^2+(a+b)x+ab$
（$a+b$：和，ab：積）
$=(x+a)(x+b)$

これダケは覚えよう！

□ 因数分解の公式①… $x^2+(a+b)x+ab=(x+a)(x+b)$（和：$a+b$，積：ab）

a，bの組は，abの値から考えると見つけやすい。

➡答えは別冊p.3

1 次の式を因数分解しましょう。

(1) $x^2+7x+10$

(2) $x^2+4x-12$

(3) $x^2-4x-12$

(4) x^2-3x+2

(5) x^2+x-30

(6) $x^2-11x+30$

プラスワン たして○，かけて□の数の組の見つけ方

例①(1)でたして8，かけて15となる2つの数を見つけるとき，たして8となる数の組から先に考えていくと，右の表のように数が多くなってしまい，とてもたいへんです。
2つの数を見つけるときは，かけて15になる2つの数の組から考えましょう。

たして8	かけて15	たして8	かけて15
…	…	1と7	×
−3と11	×	2と6	×
−2と10	×	3と5	○
−1と9	×	4と4	×
0と8	×	…	…

〈左ページ例の答え〉 例① (1) 3，5，3，5　(2) 1，−6，1，6

因数分解の公式②，③

$x^2 \pm 2ax + a^2$ を因数分解しよう

乗法公式②や乗法公式③も，左辺と右辺を入れかえると，因数分解の公式になります。

$x^2+2ax+a^2$ 因数分解↓↑展開 $(x+a)^2$

$x^2-2ax+a^2$ 因数分解↓↑展開 $(x-a)^2$

例1　$x^2+14x+49$ を因数分解しましょう。

$x^2+14x+49$

$49=\square^2$，$14=2\times\square$ だから，

因数分解の公式②が使えます。

a にあたる数は $\square$ なので，

これがタイせつ

因数分解の公式②

$x^2+2ax+a^2=(x+a)^2$

2倍　2乗

$x^2+14x+49$

$=x^2+2\times\square\times x+\square^2$

2倍　2乗

$=(x+\square)^2$

ハイッ

2倍，2乗になっているか確かめるのじゃ!!

例2　$x^2-10x+25$ を因数分解しましょう。

$x^2-10x+25$

$25=\square^2$，$10=2\times\square$ だから，

因数分解の公式③が使えます。

a にあたる数は $\square$ なので，

これがタイせつ

因数分解の公式③

$x^2-2ax+a^2=(x-a)^2$

2倍　2乗

$x^2-10x+25$

$=x^2-2\times\square\times x+\square^2$

2倍　2乗

$=(x-\square)^2$

$x^2\pm$●$x+$■の形の因数分解では，■の部分が2乗の形になっていれば，公式②，③が使えるかどうか調べよう。

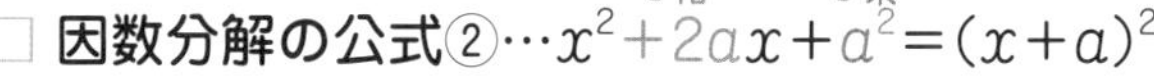
□ 因数分解の公式②… $x^2+2ax+a^2=(x+a)^2$ （2倍・2乗）

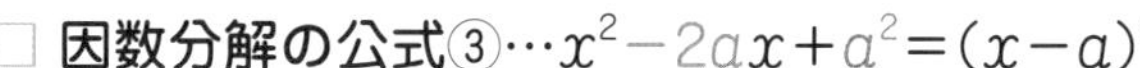
□ 因数分解の公式③… $x^2-2ax+a^2=(x-a)^2$

➡答えは別冊p.4

1 次の式を因数分解しましょう。

(1) $x^2+12x+36$

(2) x^2+6x+9

(3) $a^2+20a+100$

(4) $x^2-12x+36$

(5) x^2-2x+1

(6) $a^2-16a+64$

プラスワン　因数分解の公式②は，因数分解の公式①の特別なもの

例①の因数分解は，因数分解の公式①

$x^2+(a+b)x+ab=(x+a)(x+b)$

を使って考えることもできます。

たして14，かけて49となる2つの数は7と7なので，

$x^2+14x+49=(x+7)(x+7)$
$=(x+7)^2$ 　累乗の形にします。

同じように考えると，因数分解の公式②は，

$x^2+2ax+a^2=x^2+(a+a)x+a\times a$
$=(x+a)(x+a)$
$=(x+a)^2$ 　累乗の形にします。

と考えられます。

因数分解の公式②は，因数分解の公式①の特別なものです。

〈左ページ例の答え〉 例① 7，7，7，7，7，7　例② 5，5，5，5，5，5

因数分解の公式④

x^2-a^2を因数分解しよう

乗法公式④の左辺と右辺を逆にすると，因数分解の公式ができます。また，共通因数でくくり出す方法と公式を組み合わせた因数分解も学習します。

x^2-a^2
因数分解↓ ↑展開
$(x+a)(x-a)$

例1　次の式を因数分解しましょう。

(1)　x^2-9　　(2)　$9a^2-25b^2$

(1)　$x^2-9=x^2-\square^2$

9は何の2乗？

$=(x+\square)(x-\square)$

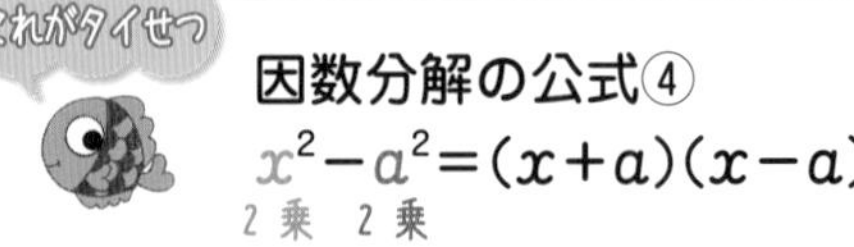

因数分解の公式④
$x^2-a^2=(x+a)(x-a)$
2乗　2乗

(2)　$9a^2-25b^2=(3a)^2-(\square)^2$

$9a^2=3\times3\times a\times a$　　$25b^2=5\times5\times b\times b$

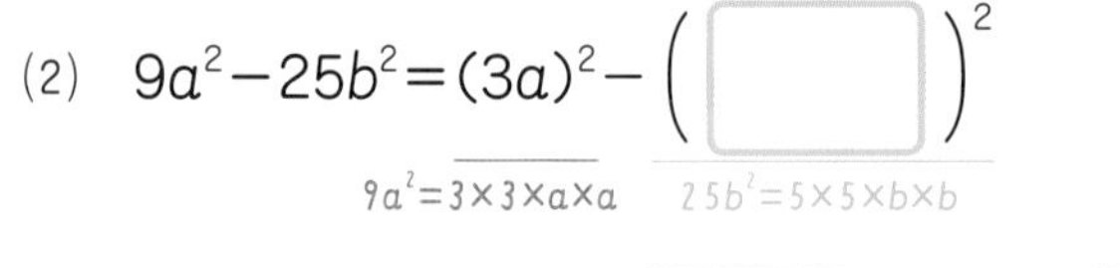

$=(3a+\square)(3a-\square)$

もとの式が，●^{2}−▲^{2}の形をしていたら，(●＋▲)(●−▲)の形にするんだね。

例2　$2x^2+10x+12$を因数分解しましょう。

$2x^2=2\times x\times x$
$10x=2\times5\times x$
$12=2\times2\times3$

まずは，共通因数があるかどうか調べます。

2) 10　　2) 12
　　5　　2)　6
　　　　　　3

素因数分解して，共通因数を見つけます。

したがって，$2x^2$と$10x$と12に共通な因数は□です。

$2x^2+10x+12$

$=\square(x^2+5x+6)$

共通因数をくくり出します。

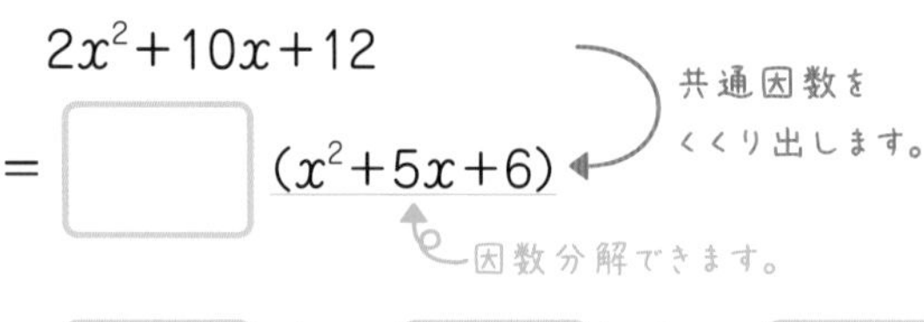

因数分解できます。

$=\square(x+\square)(x+\square)$

因数分解は，もうこれ以上因数分解できないというところまでするよ。$2(x^2+5x+6)$で終わりにしないよう注意!!

□ 因数分解の公式④…$\overset{2乗}{x^2}-\overset{2乗}{a^2}=(x+a)(x-a)$

□ いろいろな因数分解…まず共通因数をくくり出す。

➡答えは別冊p.4

1 次の式を因数分解しましょう。

(1) x^2-25

(2) y^2-100

(3) $64-m^2$

(4) $49a^2-4b^2$

2 次の式を因数分解しましょう。

(1) $2x^2+16x+24$

(2) $3a^2-27$

ミスに注意 共通因数は忘れずにくくり出そう！

次の式の因数分解の計算を，このまま答えにするのはまちがいです。どこがまちがっているかわかりますか？

$4x^2-36y^2=(2x)^2-(6y)^2$
$=(2x+6y)(2x-6y)$ ×

$2x+6y$，$2x-6y$はどちらも共通因数2をもつので，まだ因数分解できます。

因数分解をするときは，まず共通因数をくくり出すことを考えましょう。

$4x^2-36y^2=4(x^2-9y^2)$

4を先にくくり出します。

$=4\{x^2-(3y)^2\}$
$=4(x+3y)(x-3y)$ ○

これ以上因数分解できません。

〈左ページ例の答え〉 例① (1) 3，3，3 (2) $5b$，$5b$，$5b$ 例② 2，2，2，2，3

式の計算の利用

文字を使って説明しよう

文字を使って，数の間に成り立つ様々な規則性や法則が正しいことを説明する方法を２年生で学習しました。
今回は，説明するときに式の展開や因数分解を使う問題を考えてみましょう。

例１ 次のことが成り立つわけを，文字を使って説明しましょう。

(1) 連続する２つの奇数（きすう）の積に５をたした数は，４の倍数になります。

(2) 連続する３つの整数があるとき，もっとも大きい数ともっとも小さい数の積に１をたした数は，まん中の数の２乗になります。

(1) 1 nを整数とすると，

2 連続する２つの奇数は，□，

偶数$2n$より１小さい。

□と表される。

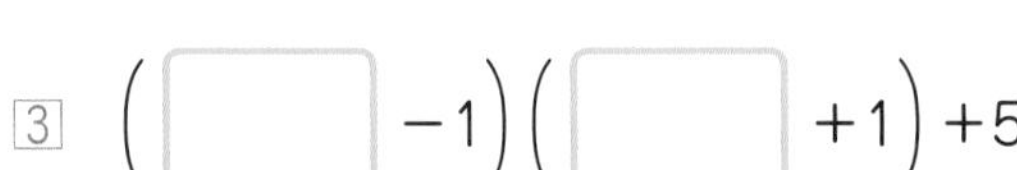

偶数$2n$より１大きい。

3 $(\square-1)(\square+1)+5$

$=4n^2-1+5=4n^2+4=\square(n^2+1)$ ←共通因数をくくり出します。

4 n^2+1は整数だから，$\square(n^2+1)$は４の倍数である。

したがって，連続する２つの奇数の積に５をたした数は，４の倍数になる。

> これがタイセツ
> **文字を使った説明の手順**
> 1 何を文字で表すか決める。
> 2 1で表した文字を使って，それぞれの数を表す。
> 3 式をつくり，計算する。
> 4 説明したいことが成り立っていることを確かめる。

(2) 1 連続する３つの整数のうち，まん中の数をnとすると，

2 連続する３つの整数は，$n-1$，n，$n+1$と表される。
したがって，もっとも大きい数ともっとも小さい数の積に１をたした数は，

3 $(\square)(\square)+1=n^2-1+1=\square$

4 □はまん中の数だから，□はまん中の数の２乗である。

したがって，連続する３つの整数があるとき，もっとも大きい数ともっとも小さい数の積に１をたした数は，まん中の数の２乗になる。

これダケは覚えよう！

□ 連続する2つの奇数…$2n-1$，$2n+1$

□ 連続する2つの偶数…$2n$，$2n+2$

□ 連続する3つの整数…$n-1$，n，$n+1$

（nは整数）

➡答えは別冊p.4

1 次のことが成り立つわけを，文字を使って説明しましょう。

(1) 連続する2つの奇数があるとき，大きいほうの奇数の2乗から，小さいほうの奇数の2乗をひいた差は，8の倍数になります。

(2) 連続する2つの整数があるとき，大きいほうの整数の2乗から，小さいほうの整数の2乗をひいた差は，もとの2つの整数の和になります。

プラスワン 101×99の計算はくふうできる！

101×99の計算は，ふつうに筆算で計算してももちろんよいのですが，

101＝100＋1，99＝100－1

であることを使うと，$x=100$，$a=1$とみて，乗法公式④　$x^2-a^2=(x+a)(x-a)$を使って計算できます。

101×99

$=(100+1)\times(100-1)$ ← 100より1大きい数と，100より1小さい数の積

$=100^2-1^2$

$=10000-1$ ← 簡単!!

$=9999$

〈左ページ例の答え〉 例1 (1) $2n-1$，$2n+1$，$2n$，$2n$，4，4 (2) $n+1$，$n-1$，n^2，n，n^2

勉強した日　月　日　得点　／100点

➡答えは別冊p.4〜5

ここで学習　1➡❶　2・3➡❷〜❻　4➡❼　5➡❽〜❿　6➡⓫

1 次の計算をしなさい。

5点×2(10点)

(1) $3a(a-5b)-a(2a-6b)$

(2) $(4xy+12y)\div\left(-\frac{4}{5}y\right)$

(　　　　)　(　　　　)

2 次の式を展開しなさい。

5点×4(20点)

(1) $(x-6)(x+7)$

(2) $(a+10)^2$

(　　　　)　(　　　　)

(3) $(5m-3n)^2$

(4) $(x-6y)(x+4y)$

(　　　　)　(　　　　)

3 次の計算をしなさい。

10点×2(20点)

(1) $(a-2)(a-5)-(a-3)^2$

(2) $(x+5)(x-8)-(x+3)(x-3)$

(　　　　)　(　　　　)

4 次の式を因数分解しなさい。

5点×2(10点)

(1) $2ax^2+6bx-4cx$

(2) $6x^2y+12xy^2$

(　　　　)　(　　　　)

5 次の式を因数分解しなさい。 5点×6(30点)

(1) a^2+a-42

(　　　　　)

(2) $x^2-12x+35$

(　　　　　)

(3) $a^2+18a+81$

(　　　　　)

(4) $36x^2-25y^2$

(　　　　　)

(5) $3x^2+27x+60$

(　　　　　)

(6) $4ab^2-a$

(　　　　　)

6 連続する3つの整数があります。まん中の整数の2乗から1をひいた差は，残りの2つの整数の積に等しくなることを文字を使って説明しなさい。 (10点)

[　　　　　]

レベルUP 因数分解でもおきかえが使える

$(x+4)^2-5(x+4)+6$の因数分解はどのようにすればよいでしょうか？
展開してから因数分解すると次のようになります。

$(x+4)^2-5(x+4)+6$
$=x^2+8x+16-5x-20+6$
$=x^2+3x+2$
$=(x+2)(x+1)$ ←ここで因数分解

この方法でももちろんできるのですが，次のように，$x+4=M$ のようにおきかえを使うと，展開の計算をしなくても因数分解できます。

$(x+4)^2-5(x+4)+6$ ←$x+4=M$とおきます。
$=M^2-5M+6$ ←ここで因数分解
$=(M-2)(M-3)$ ←Mをもどします。
$=(x+4-2)(x+4-3)$ ←かっこの中を計算
$=(x+2)(x+1)$

読ん得(よんどく)コラム

特集 因数分解を利用すべし!!

計算はくふうすればとっても簡単にできる場合があります。

例えばどんなとき？

例えば，9^2-8^2 は？

う～ん… 17かな。

9^2-8^2
$=81-64$
$=17$

正解!! では，546^2-545^2 は？

わかるかな…

けっ，計算したくない…

いきなり難しくしすぎ…

○²−△² は因数分解を利用しよう

546^2-545^2 はそのまま計算するのはたいへんです。

でも，因数分解すると，

546^2-545^2

$=(546+545)\times(546-545)$ ← 因数分解の公式④を使います。

$=1091\times1$ ← ここが1になるので計算が簡単です。

$=1091$

そのまま計算すると，

546^2-545^2

$=298116-297025$ ← 計算がたいへんです。

$=1091$

つまり，546と545の和を求めればそれが答えになるのです。

このように，因数分解を利用すると計算が簡単になる場合があります。

計算する前に，簡単にできる方法があるかどうか考えることが大切なのです。

因数分解を利用して，計算を得意(とくい)(1091)にしよう！

この問題の答えのようにね!!

こんなところにダジャレが…

だからこの数だったのね…

平方根

2乗するとaになる数を，aの平方根といいます。平方根は$\sqrt{\ }$という記号を使って表します。ここでは，平方根の表し方や計算方法について学習しましょう。

12 平方根
2乗してaになる数は？

2乗するとaになる数のことをaの**平方根**(へいほうこん)といいます。
平方根が整数や分数で表すことができないときは，**根号**(こんごう)と呼ばれる$\sqrt{}$という記号を使って表します。

例1 次の数の平方根を求めましょう。

(1) 64　　　　(2) 10

(1) $\square^2=64$，　2乗して64になる数を考えます。

$(\square)^2=64$ ← 負の数もあります。

したがって，64の平方根は，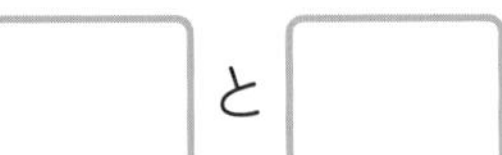 □ と □

(2) 2乗して10になる数は，整数では表せないので，$\sqrt{}$という記号を使って，
← 根号といいます。

□ と □ と表します。

「ルート10」と読みます。　「マイナスルート10」と読みます。

注 この2つをまとめて，

□ と書くことがあります。

← 「プラスマイナスルート10」と読みます。

これがタイせつ

aの平方根
2乗してaになる数
$\sqrt{a}$…正のほうのaの平方根
$-\sqrt{a}$…負のほうのaの平方根

例2 次の数を根号を使わずに表しましょう。

(1) $\sqrt{36}$　　(2) $-\sqrt{36}$　　(3) $\sqrt{(-6)^2}$

(1) $\sqrt{36}=\square$　　2乗して36になる数は整数になるので，$\sqrt{}$を使わずに表すことができます。

← 2乗して36になる数のうち，正のほうです。

(2) $-\sqrt{36}=\square$ ← 2乗して36になる数のうち，負のほうです。

(3) $\sqrt{(-6)^2}=\sqrt{36}=\square$

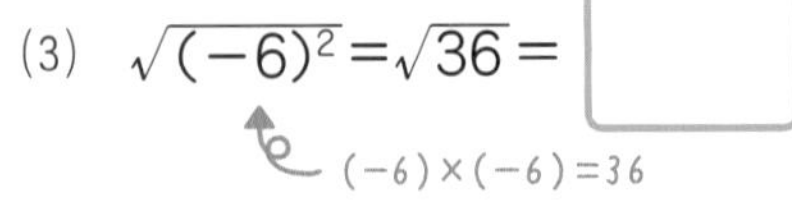

← $(-6)\times(-6)=36$

$\sqrt{(-6)^2}=-6$ ✕
とするまちがいに注意！
$\sqrt{}$の中を先に計算しよう。

これダケは覚えよう！

□ **aの平方根**…2乗してaになる数のこと。

□ **正の数の平方根**…正と負の2つある。

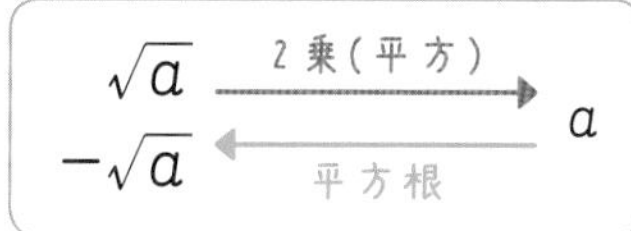

➡答えは別冊p.5

1 **次の数の平方根を求めましょう。**

(1) 9　　(2) 100

(3) 7　　(4) 13

2 **次の数を根号を使わずに表しましょう。**

(1) $\sqrt{49}$　　(2) $-\sqrt{49}$　　(3) $\sqrt{(-7)^2}$

小数，分数，0，負の数の平方根は？

正の小数や分数の平方根もあります。

例　0.09の平方根

➡ $0.3^2=0.09$，$(-0.3)^2=0.09$より，±0.3

例　$\dfrac{16}{25}$の平方根

➡ $\left(\dfrac{4}{5}\right)^2=\dfrac{16}{25}$，$\left(-\dfrac{4}{5}\right)^2=\dfrac{16}{25}$より，$\pm\dfrac{4}{5}$

また，2乗して0になる数は0だけなので，0の平方根は0のみです。
どんな数を2乗しても負の数になることはないので，負の数の平方根はありません。

〈左ページ例の答え〉　例① (1) 8，−8，8，−8　(2) $\sqrt{10}$，$-\sqrt{10}$，$\pm\sqrt{10}$　例② (1) 6　(2) −6　(3) 6

13 平方根の大小
平方根の大きさを比べよう

$\sqrt{\quad}$の中の数が大きいほど，その数は大きくなります。➡例①
$\sqrt{\quad}$のついた数とつかない数の大小を比べるときは，2乗した数になおしてから比べます。➡例②

例① 次の2つの数の大小を，不等号を使って表しましょう。

(1) $\sqrt{2}$と$\sqrt{5}$　　(2) $-\sqrt{2}$と$-\sqrt{5}$

(1) 右の図より，面積が大きい正方形のほうが，

1辺の長さも［　　］なります。

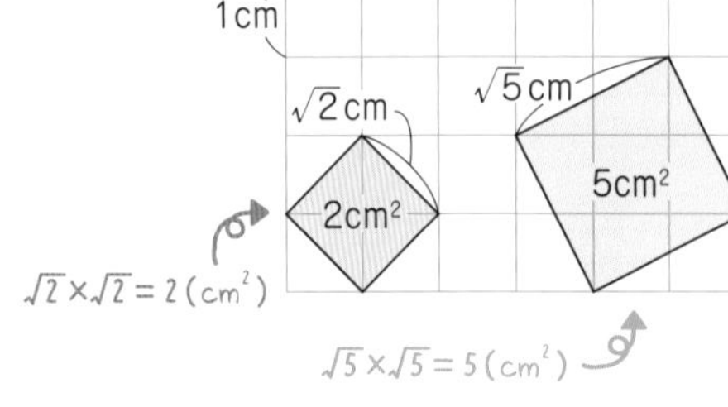

したがって，2＜5だから，$\sqrt{2}$［　　］$\sqrt{5}$

「＜」?「＞」?

これがタイせつ
平方根の大小
a，bが正の数で，
$a<b$ならば，$\sqrt{a}<\sqrt{b}$

(2) (1)より，$\sqrt{2}$［　　］$\sqrt{5}$

負の数では，大きさが反対になるので，

絶対値が大きいほど小さくなります。

$-\sqrt{2}$［　　］$-\sqrt{5}$

例② 4と$\sqrt{15}$の大小を，不等号を使って表しましょう。

$4^2=$［　　］，$(\sqrt{15})^2=$［　　］

4と$\sqrt{15}$をそれぞれ2乗して比べます。

16［　　］15だから，$\sqrt{16}$［　　］$\sqrt{15}$

「＜」?「＞」?　「＜」?「＞」?

つまり，4［　　］$\sqrt{15}$

「＜」?「＞」?

と

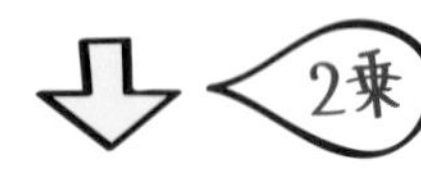

2乗して比べよう

これダケは覚えよう！

□ **平方根の大小**…a，bが正の数のとき，$a<b$ ならば，$\sqrt{a}<\sqrt{b}$

$\sqrt{\ }$のついた数とつかない数の大小を比べるときは，**2乗して比べる。**

練習問題

➡答えは別冊p.5

1 次の2つの数の大小を，不等号を使って表しましょう。

(1) $\sqrt{7}$と$\sqrt{11}$　　(2) $-\sqrt{5}$と$-\sqrt{10}$

(3) 3と$\sqrt{10}$　　(4) -5と$-\sqrt{26}$

プラスワン　有理数と無理数

$\sqrt{2}$は小数で表すとかぎりなく続き，分数で表すことができないことが知られています。$\sqrt{2}$のように，分数で表すことができない数を無理数（むりすう）といいます。一方，$4=\frac{4}{1}$や$0.5=\frac{1}{2}$のように，分数の形で表せる数を有理数（ゆうりすう）といいます。$\sqrt{2}$や$\sqrt{3}$などの平方根の近似値には，右のような覚え方があります。

平方根の近似値の覚え方

$\sqrt{2}=1.41421356\cdots$（一夜一夜（ひとよひとよ）に　人見頃（ひとみごろ））

$\sqrt{3}=1.7320508\cdots$（人並（ひとな）みに　おごれや）

$\sqrt{5}=2.2360679\cdots$（富士山（ふじさん）ろく　おうむ鳴（な）く）

$\sqrt{6}=2.449489\cdots$（煮（に）よ　よく弱（よわ）く）

〈左ページ例の答え〉 例① (1) 長く，＜　(2) ＜，＞　例② 16，15，＞，＞，＞

近似値と有効数字
数値の表し方を知ろう

真の値ではないが，それに近い値を近似値(きんじち)といい，近似値から真の値をひいた差を誤差(ごさ)（誤差＝近似値－真の値）といいます。➡例①
近似値を表す数字のうち，信頼(しんらい)できる数字を有効数字(ゆうこうすうじ)といいます。➡例②

例1 ある数 a の小数第二位を四捨五入したら，3.8になりました。

(1) a の値の範囲を，不等号を使って表しましょう。
(2) 誤差の絶対値は大きくてもどのくらいと考えられますか。

(1) □ $\leqq a <$ □　四捨五入して3.8になる数を考えます。

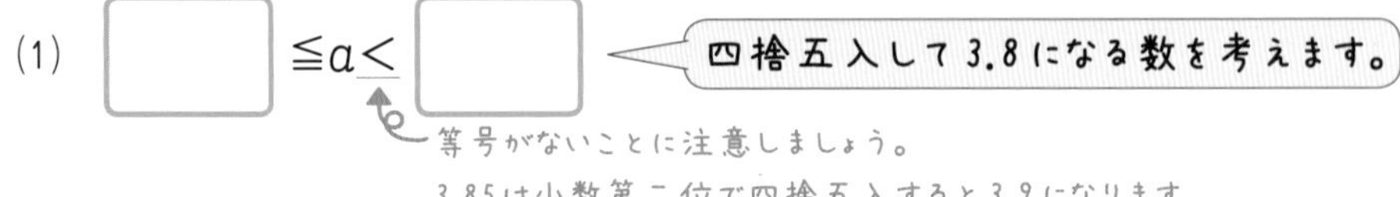

等号がないことに注意しましょう。
3.85は小数第二位で四捨五入すると3.9になります。

(2) 近似値が3.8だから，誤差の絶対値は，右の図から
近似値－真の値

どんなに大きくても □ です。

例2 次の問いに答えましょう。

(1) ある品物の重さを測ったら，1800gでした。このときの有効数字を1，8として，この重さを（整数部分が1けたの数）×（10の累乗(るいじょう)）の形で表しましょう。
(2) ある土地の面積が35926m²のとき，これを有効数字3けたで表しましょう。

まず，整数部分が1けたの数を使って表してみましょう。

(1) 1800＝1.8×1000＝□×□　**答** □

整数部分が1けたの数で表します。
累乗の形で表します。

(2) 有効数字が3けたなので，上から □ けた目の位を四捨五入して，

35926を □ と考えます。

35900＝□×10000＝□×□

有効数字
整数部分が1けたの数で表します。
累乗の形で表します。

答 □

有効数字は，どの位までを考えているかが大切なんだ。

これダケは覚えよう！

□ **近似値**…真の値ではないが，それに近い値のことで，有効数字を使って，
（整数部分が1けたの数）×（10の累乗）の形で表す。　例　5.29×10^3 m

➡答えは別冊p.5

1 **ある数 a の小数第二位を四捨五入したら，5.6になりました。a の値の範囲を，不等号を使って表しましょう。また，誤差の絶対値は大きくてもどのくらいと考えられますか。**

2 **次の問いに答えましょう。**

(1) あるひもの長さを測ったら，2400cmでした。このときの有効数字を2，4として，この長さを（整数部分が1けたの数）×（10の累乗）の形で表しましょう。

(2) 次の測定値は，何の位まで測定したものか答えましょう。

① 5.29×10^3 m　　② 3.20×10^2 g

ミスに注意　有効数字の0の扱いに注意しよう！

例えば，2400cmの長さのひもがあります。
これを 2.4×10^3 や 2.40×10^3 や 2.400×10^3 と表されたときのちがいは何でしょうか。
この有効数字で表されたときの「0」に意味があって，
次の下線の位まで正確であることを表しています。
2.4×10^3 ⇨ 2400cmの100cm すなわち 1mの位まで正確
2.40×10^3 ⇨ 2400cmの10cmの位まで正確
2.400×10^3 ⇨ 2400cmの1cmの位まで正確

2.4000…
どの位まで考えればいいの？
1cm？
10cm？
1m？

〈左ページ例の答え〉 例① (1) 3.75，3.85　(2) 0.05
例② (1) 1.8，10^3，1.8×10^3g　(2) 4，35900，3.59，3.59，10^4，3.59×10^4 m^2

15 根号がついた数の乗法，除法
√がついた数のかけ算，わり算

√のついた数のかけ算は，√の中の数どうしをかけ算して，その答えに√をつけます。➡例① √のついた数のわり算は，√の中の数どうしのわり算を分数で表し，その答えに√をつけます。➡例②

例1 次の計算をしましょう。

(1) $\sqrt{2}\times\sqrt{5}$　　(2) $-\sqrt{3}\times\sqrt{27}$

(1) $\sqrt{2}\times\sqrt{5}=\sqrt{2\times\square}$　← √の中の数どうしをかけ算します。

$=\sqrt{\square}$

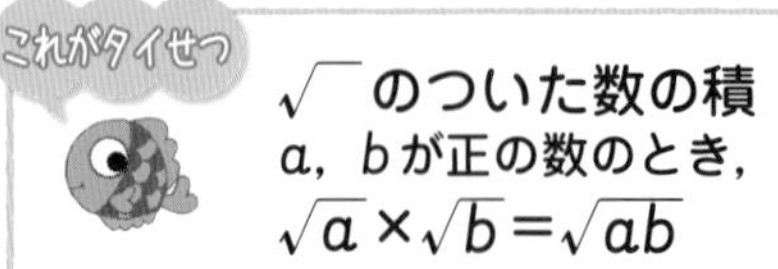

√のついた数の積
a，bが正の数のとき，
$\sqrt{a}\times\sqrt{b}=\sqrt{ab}$

(2) $-\sqrt{3}\times\sqrt{27}=-\sqrt{3\times\square}$　← 符号を決めてから，√の中を計算します。(−)×(＋)→(−)

$=-\sqrt{\square}$　√をはずします。

$=\square$

例2 次の計算をしましょう。

(1) $\dfrac{\sqrt{42}}{\sqrt{7}}$　　(2) $(-\sqrt{20})\div\sqrt{5}$

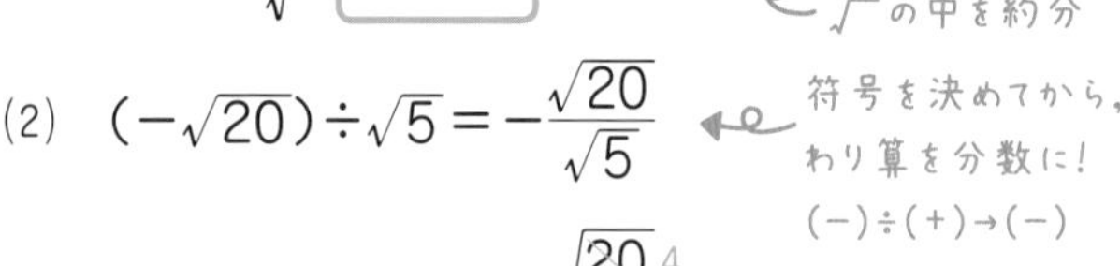

(1) $\dfrac{\sqrt{42}}{\sqrt{7}}=\sqrt{\dfrac{42}{\square}}=\sqrt{\square}$　← √の中を約分

√のついた数の商
a，bが正の数のとき，
$\sqrt{a}\div\sqrt{b}=\dfrac{\sqrt{a}}{\sqrt{b}}=\sqrt{\dfrac{a}{b}}$

(2) $(-\sqrt{20})\div\sqrt{5}=-\dfrac{\sqrt{20}}{\sqrt{5}}$　← 符号を決めてから，わり算を分数に！(−)÷(＋)→(−)

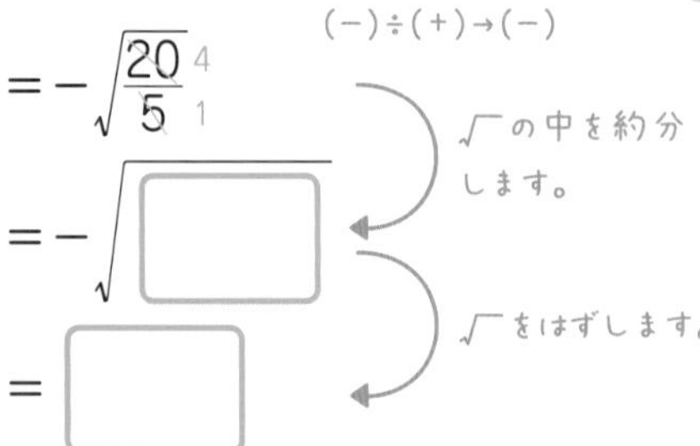

$=-\sqrt{\dfrac{20}{5}}$　（4／1）　√の中を約分します。

$=-\sqrt{\square}$　√をはずします。

$=\square$

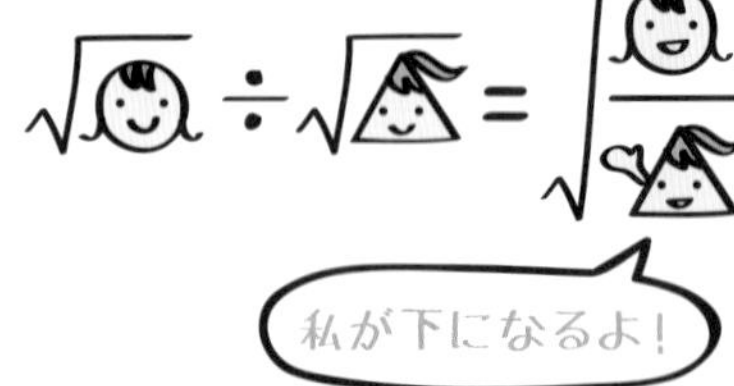

□ $\sqrt{\ }$ のついた数の積，商…$\sqrt{a}\times\sqrt{b}=\sqrt{ab}$　$\sqrt{a}\div\sqrt{b}=\dfrac{\sqrt{a}}{\sqrt{b}}=\sqrt{\dfrac{a}{b}}$　$\left(\begin{matrix}a>0,\\ b>0\end{matrix}\right)$

$\sqrt{\ }$ の中の数どうしでかけ算　分数に！

練習問題

➡答えは別冊p.6

1 次の計算をしましょう。

(1) $\sqrt{10}\times\sqrt{3}$

(2) $-\sqrt{3}\times\sqrt{3}$

(3) $\sqrt{2}\times(-\sqrt{8})$

(4) $\dfrac{\sqrt{35}}{\sqrt{7}}$

(5) $(-\sqrt{21})\div\sqrt{3}$

(6) $\sqrt{45}\div(-\sqrt{5})$

プラスワン　公式が成り立つことを確かめてみよう

正の数a，bに対して，$\sqrt{a}\times\sqrt{b}=\sqrt{ab}$となることを，$a=2$，$b=3$の場合で確かめてみましょう。

$$(\sqrt{2}\times\sqrt{3})^2=(\sqrt{2}\times\sqrt{3})\times(\sqrt{2}\times\sqrt{3})$$
$$=(\sqrt{2})^2\times(\sqrt{3})^2$$
$$=2\times3$$

したがって，$\sqrt{2}\times\sqrt{3}$は2乗すると2×3になる数だから，$\sqrt{2}\times\sqrt{3}=\sqrt{2\times3}$です。

同じようにして，$\sqrt{a}\div\sqrt{b}=\sqrt{\dfrac{a}{b}}$についても$a=2$，$b=3$の場合で確かめてみましょう。

$$(\sqrt{2}\div\sqrt{3})^2=(\sqrt{2}\div\sqrt{3})\times(\sqrt{2}\div\sqrt{3})$$
$$=\frac{\sqrt{2}}{\sqrt{3}}\times\frac{\sqrt{2}}{\sqrt{3}}=\frac{2}{3}$$

したがって，$\sqrt{2}\div\sqrt{3}=\sqrt{\dfrac{2}{3}}$ です。

〈左ページ例の答え〉 例1 (1) 5，10　(2) 27，81，−9　例2 (1) 7，6　(2) 4，−2

16 根号がついた数の変形 $\sqrt{a^2b} \Leftrightarrow a\sqrt{b}$ の変形をしよう

$\sqrt{12}=\sqrt{2^2\times3}=2\sqrt{3}$ のように，$\sqrt{}$ の中の数が■^{2}×▲の形をしている数は，$\sqrt{}$ の中の数を小さくすることができます。$\sqrt{}$ の中はできるだけ小さい自然数にすることが大切です。

例1 $4\sqrt{3}$ を $\sqrt{a}$ の形に表しましょう。

$4\sqrt{3}=4\times\sqrt{3}$

$=\sqrt{\square^2}\times\sqrt{3}$

$=\sqrt{\square\times3}$

$=\sqrt{\square}$

$\sqrt{a}\times\sqrt{b}=\sqrt{ab}$

$\sqrt{}$ の中の数をかけ算します。

$\sqrt{a}$ の形になったので，ここでストップ！

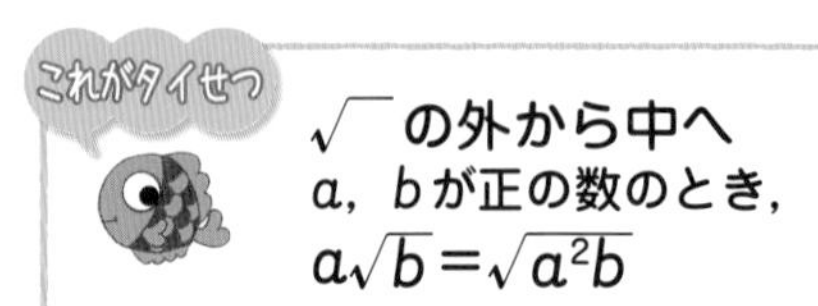

$\sqrt{}$ の外から中へ
a，b が正の数のとき，
$a\sqrt{b}=\sqrt{a^2b}$

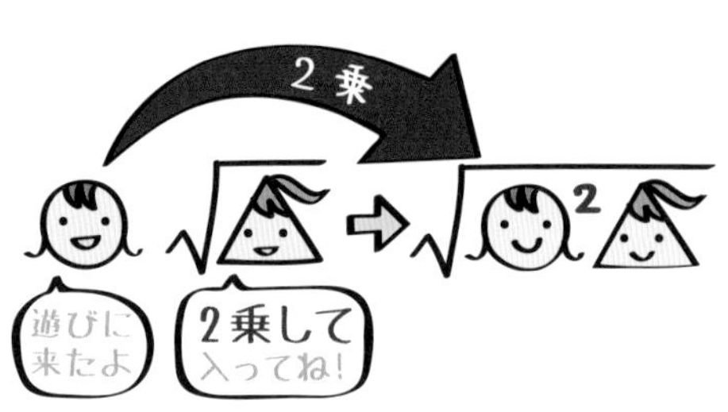

例2 次の数を $a\sqrt{b}$ の形に表しましょう。

(1) $\sqrt{24}$　　(2) $\sqrt{\dfrac{5}{49}}$

(1) $\sqrt{24}=\sqrt{4\times6}$

まず，2乗になる数を見つけます。

$=\sqrt{\square^2\times6}$

$=\sqrt{\square^2}\times\sqrt{6}$

$=\square\sqrt{\square}$

$\sqrt{ab}=\sqrt{a}\times\sqrt{b}$

$\sqrt{a^2}=a$

(2) $\sqrt{\dfrac{5}{49}}=\dfrac{\sqrt{5}}{\sqrt{49}}$　$\sqrt{\dfrac{a}{b}}=\dfrac{\sqrt{a}}{\sqrt{b}}$

$=\dfrac{\sqrt{5}}{\sqrt{\square^2}}$

49は何の2乗？

分母の $\sqrt{}$ をはずします。

$=\dfrac{\sqrt{5}}{\square}$

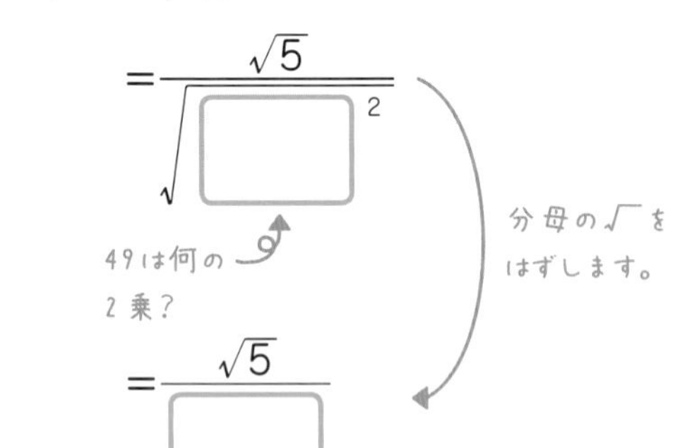

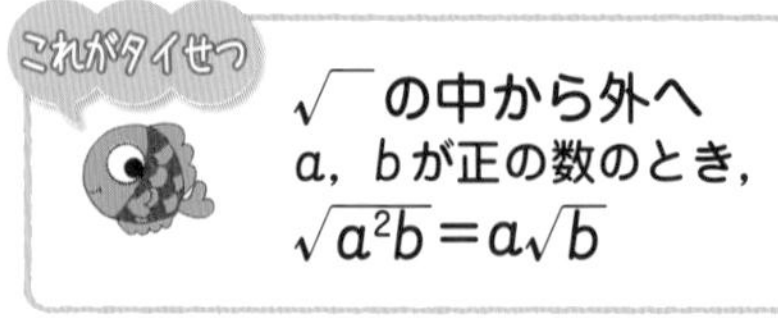

$\sqrt{}$ の中から外へ
a，b が正の数のとき，
$\sqrt{a^2b}=a\sqrt{b}$

これダケは覚えよう！

□ $\sqrt{\ }$ の外から中へ… $a\sqrt{b} \Rightarrow \sqrt{a^2b}$　例 $3\sqrt{2} \Rightarrow \sqrt{3^2}\times\sqrt{2} \Rightarrow \sqrt{3^2\times2} \Rightarrow \sqrt{18}$

□ $\sqrt{\ }$ の中から外へ… $\sqrt{a^2b} \Rightarrow a\sqrt{b}$　例 $\sqrt{18} \Rightarrow \sqrt{3^2\times2} \Rightarrow \sqrt{3^2}\times\sqrt{2} \Rightarrow 3\sqrt{2}$

練習問題

➡答えは別冊p.6

1 次の数を $\sqrt{a}$ の形に表しましょう。

(1) $2\sqrt{7}$　　(2) $5\sqrt{2}$

2 次の数を $a\sqrt{b}$ の形に表しましょう。

(1) $\sqrt{20}$　　(2) $\sqrt{27}$

(3) $\sqrt{\dfrac{5}{16}}$　　(4) $\sqrt{\dfrac{7}{36}}$

プラスワン　$\sqrt{\ }$ の中の数が大きいときは素因数分解しよう。

$\sqrt{252}$ を $a\sqrt{b}$ の形で表すと，
$\sqrt{252}=\sqrt{6^2\times7}=6\sqrt{7}$
となりますが，$252=6^2\times7$　のような，■^{2}×▲の■，▲にあてはまる数を探すのはたいへんです。
そこで，右のように252を素因数分解して考えると，確実に■，▲にあてはまる数を見つけることができます。

$252=2^2\times3^2\times7$ より，

$\sqrt{252}=\sqrt{2^2\times3^2\times7}$

$=\sqrt{2^2}\times\sqrt{3^2}\times\sqrt{7}$　← 2乗の数で分けます。

$=2\times3\times\sqrt{7}$　← $\sqrt{\ }$ がはずれます。

$=6\sqrt{7}$

```
2) 252
2) 126
3)  63
3)  21
     7
```

〈左ページ例の答え〉　例① 4，16，48　例② (1) 2，2，2，6　(2) 7，7

17 分母の有理化
分母の√‾をなくそう

分母に$\sqrt{a}$があるときに，分母と分子に$\sqrt{a}$をかけると，分母の√‾がなくなります。このように，分数の分母から√‾をなくすことを，**分母の有理化**（ゆうりか）といいます。

例1 次の数の分母を有理化しましょう。

(1) $\dfrac{4}{\sqrt{5}}$　　(2) $-\dfrac{\sqrt{3}}{\sqrt{7}}$

(1) $\dfrac{4}{\sqrt{5}}=\dfrac{4\times\boxed{①}}{\sqrt{5}\times\boxed{②}}=\dfrac{\boxed{③}}{5}$ ← 分母の√‾がなくなります。

↑ 分母と分子に√5をかけます。

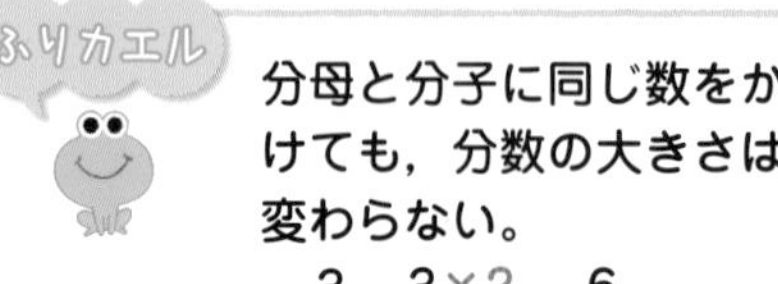

分母と分子に同じ数をかけても，分数の大きさは変わらない。

$\dfrac{3}{5}=\dfrac{3\times2}{5\times2}=\dfrac{6}{10}$

(2) $-\dfrac{\sqrt{3}}{\sqrt{7}}=-\dfrac{\sqrt{3}\times\boxed{①}}{\sqrt{7}\times\boxed{②}}=-\dfrac{\boxed{③}}{7}$

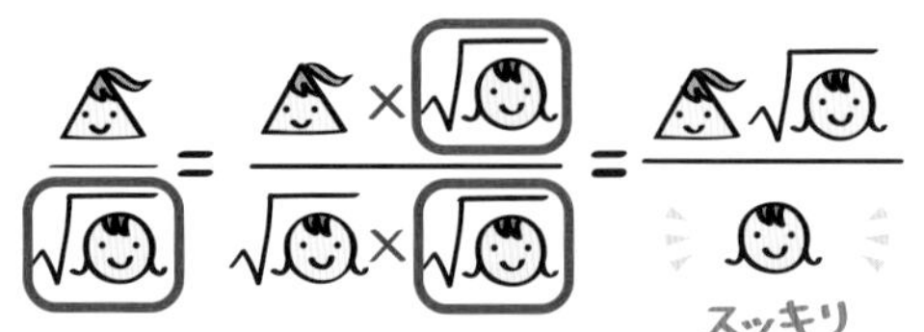

例2 $\dfrac{4}{\sqrt{12}}$の分母を有理化しましょう。

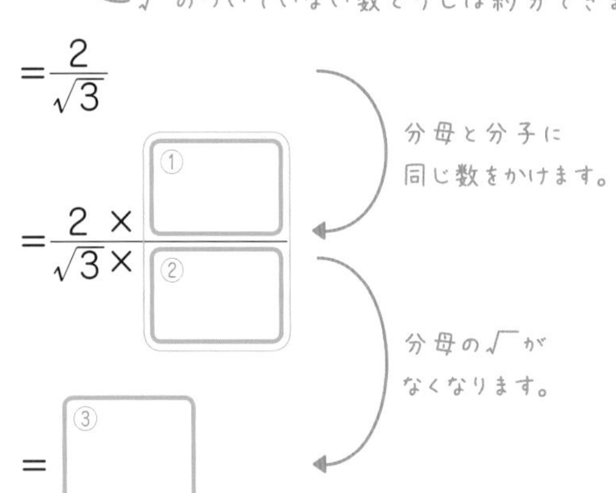

$\dfrac{4}{\sqrt{12}}=\dfrac{\overset{2}{\cancel{4}}}{\underset{1}{\cancel{2}}\sqrt{3}}$ ← $\sqrt{12}=\sqrt{2^2\times3}=2\sqrt{3}$として，√‾の中の数を小さくします。

↑ √‾のついていない数どうしは約分できます。

$=\dfrac{2}{\sqrt{3}}$

分母と分子に同じ数をかけます。

$=\dfrac{2\times\boxed{①}}{\sqrt{3}\times\boxed{②}}$

分母の√‾がなくなります。

$=\boxed{③}$

$\sqrt{12}$のまま計算すると，数が大きくなってしまうので，√‾の中の数を小さくしてから有理化しよう。

□ **分母の有理化**…分母に$\sqrt{a}$があるときは，$\sqrt{a}$を分母と分子にかけて，分母の$\sqrt{\ }$をなくす。

$$\frac{b}{\sqrt{a}}=\frac{b\times\sqrt{a}}{\sqrt{a}\times\sqrt{a}}=\frac{b\sqrt{a}}{a}$$

練習問題

➡答えは別冊p.6

1 次の数の分母を有理化しましょう。

(1) $\frac{3}{\sqrt{2}}$

(2) $-\frac{\sqrt{3}}{\sqrt{5}}$

(3) $\frac{3}{\sqrt{18}}$

(4) $\frac{6}{\sqrt{27}}$

プラスワン　有理化はこんなとき役に立つ

有理化すると，およその値（あたい）を求めるときの計算が簡単になります。

例　$\sqrt{2}$を1.414として，$\frac{1}{\sqrt{2}}$のおよその値を求めましょう。

① そのまま解く

$$\frac{1}{\sqrt{2}}=1\div\sqrt{2}=1\div1.414=0.707\cdots$$

わる数が小数だと計算がたいへんです。

② 有理化してから解く

$$\frac{1}{\sqrt{2}}=\frac{1\times\sqrt{2}}{\sqrt{2}\times\sqrt{2}}=\frac{\sqrt{2}}{2}=1.414\div2=0.707$$

わる数が2だから，①より簡単です。

〈左ページ例の答え〉 例1 (1) ① $\sqrt{5}$ ② $\sqrt{5}$ ③ $4\sqrt{5}$ (2) ① $\sqrt{7}$ ② $\sqrt{7}$ ③ $\sqrt{21}$ 例2 ① $\sqrt{3}$ ② $\sqrt{3}$ ③ $\frac{2\sqrt{3}}{3}$

18 根号がついた数の加法，減法
√ がついた数のたし算，ひき算

$\sqrt{\ }$の中の数が同じ数は，文字式の同類項と同じようにしてまとめます。➡例①
$\sqrt{\ }$の中の数がちがう数どうしは，たしたりひいたりすることができないことに注意しましょう。➡例②

例① 次の計算をしましょう。

(1) $3\sqrt{2}+4\sqrt{2}$　　(2) $\sqrt{3}-5\sqrt{3}$

(1) $3\sqrt{2}+4\sqrt{2}=(\square+\square)\sqrt{2}=\square$

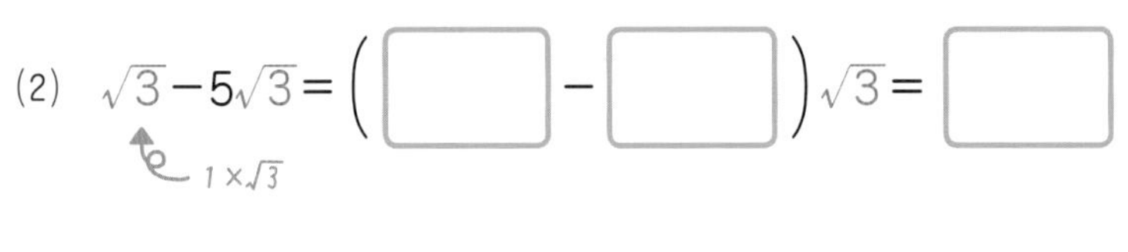

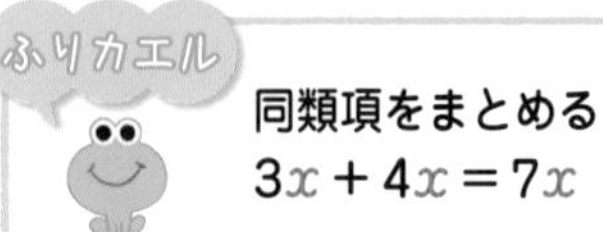

(2) $\sqrt{3}-5\sqrt{3}=(\square-\square)\sqrt{3}=\square$

1×√3

例② 次の計算をしましょう。

(1) $\sqrt{8}+2\sqrt{2}$　　(2) $3\sqrt{5}+8\sqrt{2}-4\sqrt{5}-6\sqrt{2}$

(1) $\sqrt{8}+2\sqrt{2}$

$=\square\sqrt{2}+2\sqrt{2}$

$=\square$

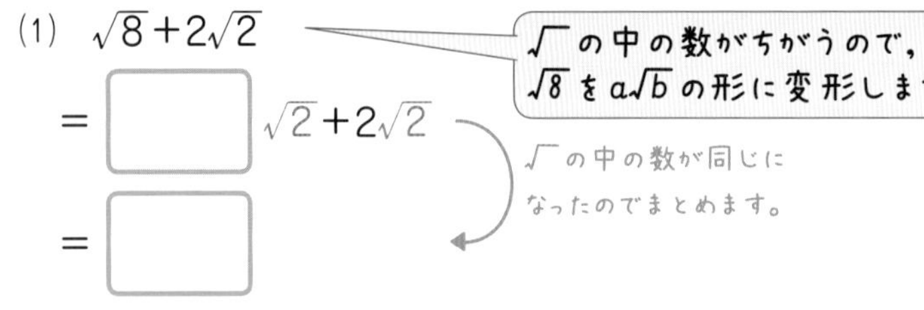

√ の中の数がちがうので，まず
√8 を a√b の形に変形します。
√ の中の数が同じに
なったのでまとめます。

√ の中の数がちがっていても，√ の中の数を小さくすることで，計算できる場合があるんだね。

(2) $3\sqrt{5}+8\sqrt{2}-4\sqrt{5}-6\sqrt{2}$

$=3\sqrt{5}-4\sqrt{5}+8\sqrt{2}-6\sqrt{2}$　項を並べかえます。

$=(\square-\square)\sqrt{5}+(\square-\square)\sqrt{2}$

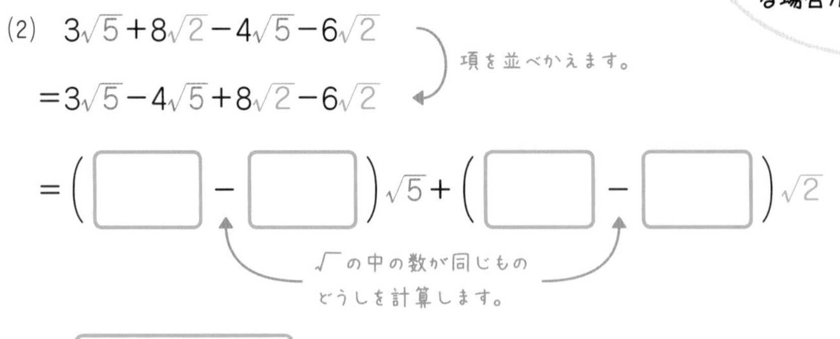

$=\square$　√ の中の数がちがうので，これ以上計算できません。

□ $\sqrt{\ }$ **のついた数のたし算，ひき算**…$\sqrt{\ }$ の中の数が同じものどうしは，まとめることができる。

$a\sqrt{c}+b\sqrt{c}=(a+b)\sqrt{c}$（同じ）

練習問題

➡答えは別冊p.6

1 次の計算をしましょう。

(1) $2\sqrt{5}+7\sqrt{5}$

(2) $3\sqrt{7}+\sqrt{7}$

(3) $6\sqrt{10}-\sqrt{10}$

(4) $2\sqrt{3}-5\sqrt{3}$

(5) $\sqrt{3}-\sqrt{27}$

(6) $4\sqrt{3}-7\sqrt{7}-5\sqrt{3}+8\sqrt{7}$

ミスに注意 $\sqrt{\ }$ **の中の数どうしはたせません!!**

$\sqrt{\ }$ の中の数どうしはかけ算できるので，たし算も同じように考えた人はいませんか。

実際は，$\sqrt{a}+\sqrt{b}$ は $\sqrt{a+b}$ にはなりません。

このことを $a=9$，$b=16$ の場合で確かめてみましょう。

$\sqrt{9}+\sqrt{16}=3+4=7$

$\sqrt{9+16}=\sqrt{25}=5$

等しくありません。

したがって，$\sqrt{9}+\sqrt{16}$ と $\sqrt{9+16}$ は等しくありません。

$\sqrt{9}+\sqrt{16}$
$=\sqrt{9+16}$

〈左ページ例の答え〉 例1 (1) 3，4，$7\sqrt{2}$ (2) 1，5，$-4\sqrt{3}$ 例2 (1) 2，$4\sqrt{2}$ (2) 3，4，8，6，$-\sqrt{5}+2\sqrt{2}$

19 いろいろな計算
公式を使って計算しよう

$\sqrt{\ }$ をふくむ式でも，多項式の計算で学習したときと同じように，分配法則や乗法公式を使ってかっこをはずすことができます。

$(x+a)(x+b)$

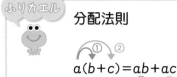

$\sqrt{\ }$ をふくむ式でも同じです。

$(\sqrt{3}+5)(\sqrt{3}-1)$

例1 $\sqrt{2}(\sqrt{6}+4)$ を計算しましょう。

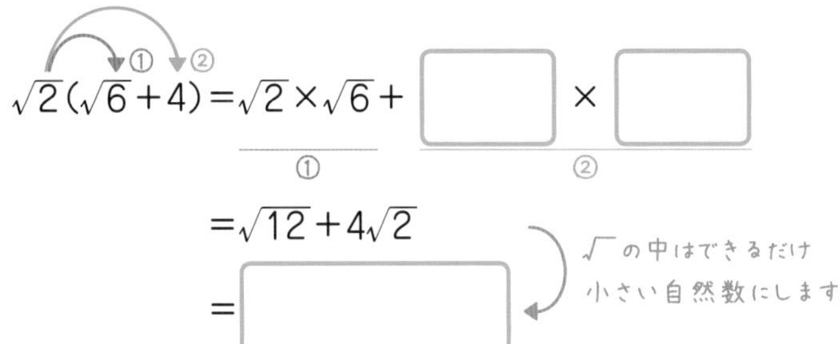

$\sqrt{2}(\sqrt{6}+4)=\underset{①}{\sqrt{2}\times\sqrt{6}}+\underset{②}{\square\times\square}$

$=\sqrt{12}+4\sqrt{2}$

$=\square$

$\sqrt{\ }$ の中はできるだけ小さい自然数にします。

分配法則

$a(b+c)=\underset{①}{ab}+\underset{②}{ac}$

例2 次の計算をしましょう。

(1) $(\sqrt{3}+5)(\sqrt{3}-1)$　　(2) $(\sqrt{7}+\sqrt{3})(\sqrt{7}-\sqrt{3})$

(1) 乗法公式①で，x が $\sqrt{3}$，a が5，b が -1 のときだから，

$(x+a)(x+b)=x^2+(a+b)x+ab$

$(\sqrt{3}+5)(\sqrt{3}-1)=(\square)^2+(5-1)\square+5\times(-1)$

$=\square+4\times\square-5$

$=\square+4\square$

(2) 乗法公式④で，x が $\sqrt{7}$，a が $\sqrt{3}$ のときだから，

$(x+a)(x-a)=x^2-a^2$

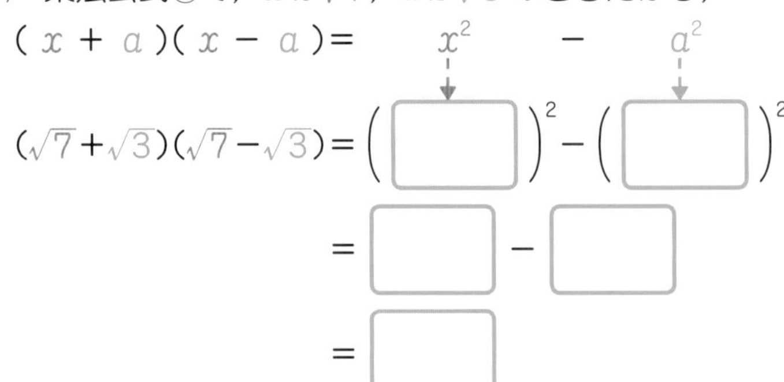

$(\sqrt{7}+\sqrt{3})(\sqrt{7}-\sqrt{3})=(\square)^2-(\square)^2$

$=\square-\square$

$=\square$

ふりカエル

乗法公式

① $(x+a)(x+b)$
$=x^2+\underset{和}{(a+b)}x+\underset{積}{ab}$

② $(x+a)^2=x^2+\underset{2倍}{2a}x+\underset{2乗}{a^2}$

③ $(x-a)^2=x^2-\underset{2倍}{2a}x+\underset{2乗}{a^2}$

④ $(x+a)(x-a)=\underset{2乗}{x^2}-\underset{2乗}{a^2}$

□ **いろいろな計算**…$\sqrt{\ }$のついた数を文字と考えて，分配法則や乗法公式を利用する。

例 $(\sqrt{2}+1)^2$ ←乗法公式②
$=(\sqrt{2})^2+2\times1\times\sqrt{2}+1^2$
$=3+2\sqrt{2}$

練習問題

➡答えは別冊p.7

1 次の計算をしましょう。

(1) $\sqrt{6}(5+\sqrt{3})$

(2) $\sqrt{3}(\sqrt{2}-\sqrt{7})$

(3) $(\sqrt{5}+5)(\sqrt{5}-3)$

(4) $(\sqrt{5}+\sqrt{3})^2$

(5) $(\sqrt{7}-\sqrt{2})^2$

(6) $(\sqrt{10}+3)(\sqrt{10}-3)$

プラスワン　公式が使える形に変形しよう

公式が使えるようには見えない式でも，くふうすることで，公式を使って計算できるものがあります。

例 $(\sqrt{32}+3\sqrt{3})(4\sqrt{2}-\sqrt{27})$ ←$\sqrt{\ }$の中はできるだけ小さい自然数にします。
$=(4\sqrt{2}+3\sqrt{3})(4\sqrt{2}-3\sqrt{3})$ ←乗法公式④が使えます。
$=(4\sqrt{2})^2-(3\sqrt{3})^2$ ←$(4\sqrt{2})^2=(\sqrt{32})^2=32$，$(3\sqrt{3})^2=(\sqrt{27})^2=27$
$=32-27$
$=5$

〈左ページ例の答え〉 例① $\sqrt{2}$，4，$2\sqrt{3}+4\sqrt{2}$　例② (1) $\sqrt{3}$，$\sqrt{3}$，3，$\sqrt{3}$，-2，$\sqrt{3}$　(2) $\sqrt{7}$，$\sqrt{3}$，7，3，4

勉強した日　月　日　得点　／100点

➡答えは別冊p.7

ここで学習　1・2➡⑫　3➡⑬　4➡⑮　5➡⑯　6➡⑰　7➡⑱～⑲

1 次の数の平方根を求めなさい。　5点×2(10点)

(1) 16　　(2) 15

(　　　)　(　　　)

2 次の数を根号を使わずに表しなさい。　5点×2(10点)

(1) $-\sqrt{25}$　　(2) $\sqrt{(-9)^2}$

(　　　)　(　　　)

3 次の2つの数の大小を，不等号を使って表しなさい。　5点×2(10点)

(1) 3と$\sqrt{11}$　　(2) $-\sqrt{37}$と-6

(　　　)　(　　　)

4 次の計算をしなさい。　5点×2(10点)

(1) $\sqrt{7}\times\sqrt{10}$　　(2) $\sqrt{45}\div\sqrt{3}$

(　　　)　(　　　)

5 次の数を$a\sqrt{b}$の形に表しなさい。　5点×2(10点)

(1) $\sqrt{108}$　　(2) $\sqrt{192}$

(　　　)　(　　　)

6 次の数の分母を有理化しなさい。

5点×2(10点)

(1) $\dfrac{5}{\sqrt{3}}$

(2) $\dfrac{6}{\sqrt{24}}$

(　　　　　　)　(　　　　　　)

7 次の計算をしなさい。

5点×8(40点)

(1) $\sqrt{10}+6\sqrt{10}$

(2) $8\sqrt{7}-5\sqrt{7}$

(　　　　　　)　(　　　　　　)

(3) $\sqrt{75}-2\sqrt{3}$

(4) $\sqrt{5}-6\sqrt{3}-7\sqrt{5}-3\sqrt{3}$

(　　　　　　)　(　　　　　　)

(5) $-\sqrt{5}(8+\sqrt{2})$

(6) $(\sqrt{10}-\sqrt{5})^2$

(　　　　　　)　(　　　　　　)

(7) $(3-\sqrt{7})(3+\sqrt{7})$

(8) $(\sqrt{6}-3)(\sqrt{6}-7)$

(　　　　　　)　(　　　　　　)

レベルUP　$\sqrt{\ }$ の中の数を素因数分解してからかけ算！

$\sqrt{15}\times\sqrt{35}$ の計算で，$\sqrt{\ }$ の中の数どうしをかけ算して計算すると，

$\sqrt{15}\times\sqrt{35}=\sqrt{525}$

となり，ここから $a\sqrt{b}$ の形になおすのは計算がたいへんです。そんなときは，$\sqrt{\ }$ の中の数を素因数分解してからかけ算しましょう。

$\sqrt{15}\times\sqrt{35}=\sqrt{3\times5}\times\sqrt{5\times7}$

$15=3\times5$　$35=5\times7$

$=\sqrt{3\times5\times5\times7}$

$=5\sqrt{21}$

5を $\sqrt{\ }$ の外に出します。

読ん得コラム

特集 近似値を求めよう!!

$\sqrt{2}$の近似値(およその数)は?

一夜一夜に 人見頃

1. 414…

正解!! では，$\sqrt{3}$の近似値は?

人並みに おごれや

1. 732…

正解!! では，$\sqrt{200}$の近似値は?

どうかな…

$\sqrt{200}$のごろ合わせなんて知らないよ…

$\sqrt{\ }$の中はできるだけ小さい自然数に!!

ごろ合わせを使って，平方根の近似値を覚えることもできますが，すべての平方根のごろ合わせをつくることはできません。

そこで，$\sqrt{\ }$の中を小さな自然数にすることが大事になります。

$\sqrt{200}=\sqrt{100}\times\sqrt{2}=10\sqrt{2}$

$\sqrt{2}$はおよそ1.414だから，

$\sqrt{200}=10\sqrt{2}=10\times1.414=14.14$

$\sqrt{\ }$の中の小数点の位置が2けたずれると，近似値の小数点の位置が1けたずれます。

この他にも，次のような数の近似値を求めることができます。

$\sqrt{300}=\sqrt{100}\times\sqrt{3}=10\sqrt{3}=10\times1.732=17.32$

$\sqrt{20000}=\sqrt{10000}\times\sqrt{2}=100\sqrt{2}=100\times1.414=141.4$

$\sqrt{30000}=\sqrt{10000}\times\sqrt{3}=100\sqrt{3}=100\times1.732=173.2$

小数点をずらして，近似値を求めます。

2次方程式

2次方程式にはx^2がふくまれます。2次方程式は，因数分解や平方根の考え方を使って解きます。ここでは，2次方程式について学習しましょう。

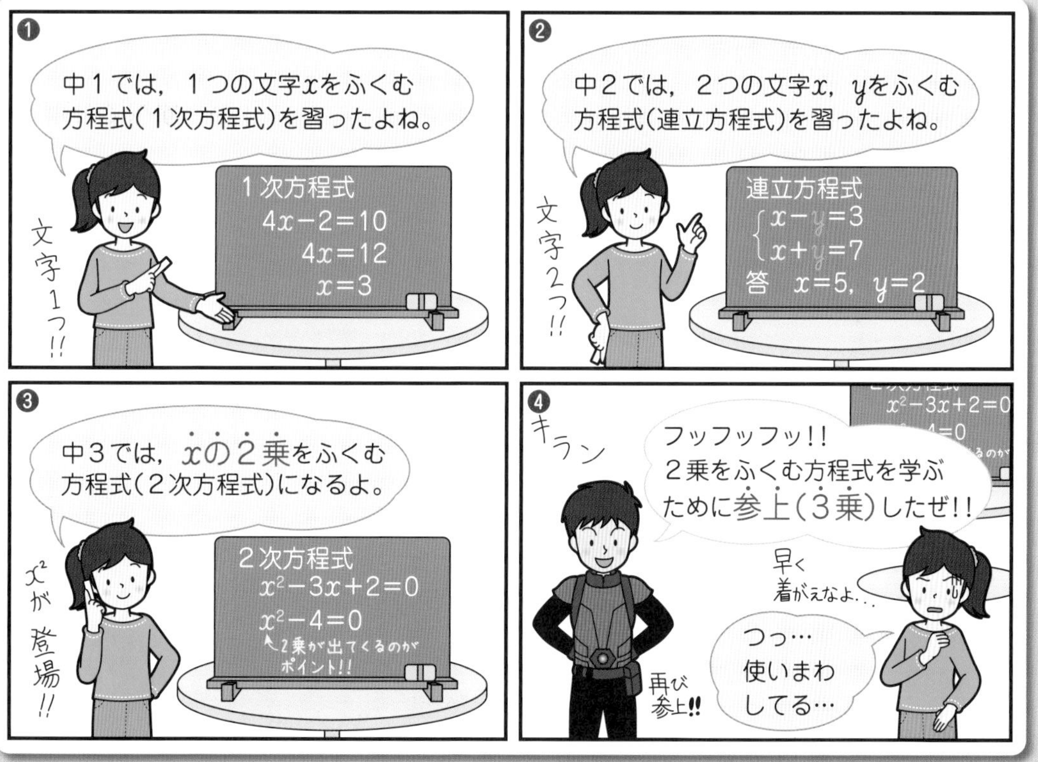

2次方程式

x^2をふくむ方程式

移項して整理すると(2次式)=0の形になる方程式を2次方程式といいます。
2次方程式を成り立たせる文字の値を，2次方程式の解(かい)といいます。
2次方程式の解をすべて求めることを，2次方程式を解(と)くといいます。

例1 次の方程式のうち，2次方程式はどれですか。

㋐ $2x+5=x-3$　　㋑ $x^2=7$　　㋒ $x^2-3x=x^2+9$

㋐ 移項して整理すると，$x+8=0$だから，

次方程式です。　(1次式)=0

㋑ 移項して整理すると，$x^2-7=0$だから，

次方程式です。

㋒ 移項して整理すると，$-3x-9=0$だから，

次方程式です。　何次式?

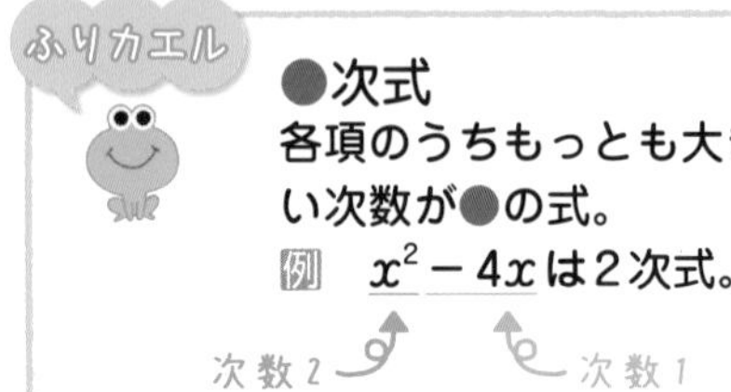

ふりカエル
●次式
各項のうちもっとも大きい次数が●の式。
例 x^2-4xは2次式。
次数2　次数1

㋒は式を整理すると，x^2が消えるね。

例2 1，2，3のうち，方程式$x^2-4x+3=0$の解はどれですか。

$x=1$ を代入すると，

(左辺)$=1^2-4\times1+3=0$　　(右辺)$=0$

等しい

xに1，2，3を代入して，(左辺)=(右辺)となるか確かめます。

$x=2$ を代入すると，

(左辺)$=2^2-4\times2+3=$ 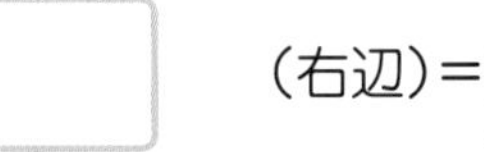　　(右辺)$=0$

$x=3$ を代入すると，

(左辺)$=3^2-4\times3+3=$　　(右辺)$=0$

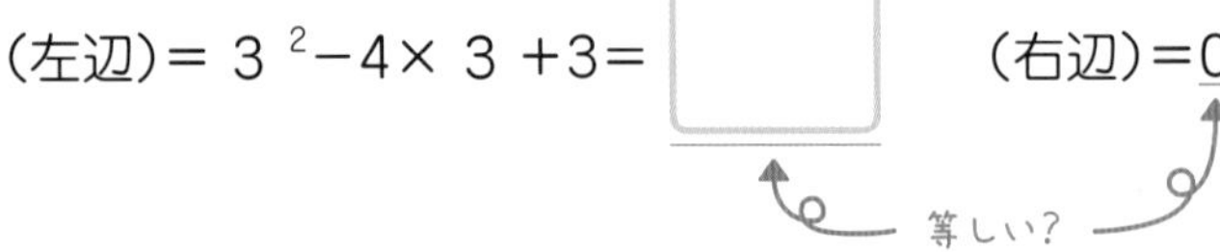

と

(左辺)=(右辺)となるxの値を答えます。

これダケは覚えよう！

□ **2次方程式**…移項して整理すると**(2次式)＝0**の形になる方程式。
一般(いっぱん)に$ax^2+bx+c=0$の形で表される。

練習問題

➡答えは別冊p.7

1 **次の方程式のうち，2次方程式はどれですか。**

㋐ $x^2+5x=x^2-10$　㋑ $2x^2-3x=x^2+4$　㋒ $2x-3=x-5$

2 **0，1，2，3のうち，方程式$x^2-3x+2=0$の解はどれですか。**

プラスワン　2次方程式の解は1つとはかぎらない

1年生で学習した1次方程式の解は1つでした。
（1次式）＝0

例②では，解が1と3の2つあります。一般に，2次方程式の解は2つあります。2次方程式を解くときは，方程式を成り立たせる値をすべて求めることに注意しましょう。

例　$2x+3=5$（1次方程式）
➡解は1つ!!　$x=1$

例　$x^2-4x+3=0$（2次方程式）
➡解は2つ!!　$x=1$，$x=3$

オレたち アンサーズ
1
3
解は2つ!!

〈左ページ例の答え〉　例① 1，2，1，㋑　例② −1，0，1，3

2次方程式の解き方(1)

因数分解を使って解こう

2次方程式を(2次式)＝0の形に整理したとき，左辺が因数分解できるときは，因数分解してから右の性質を使って解きます。

$AB=0$ ならば，
$A=0$ または $B=0$

例1 次の方程式を解きましょう。

(1) $(x-1)(x+4)=0$　　　(2) $x^2-5x+6=0$

(1) $(x-1)(x+4)=0$

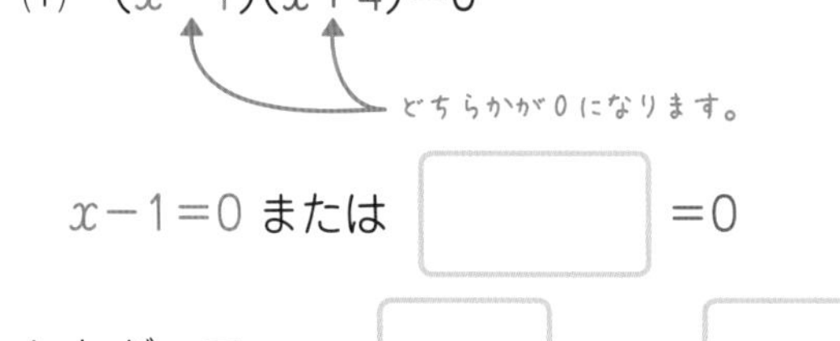

$x-1=0$ または $\square=0$

したがって，$x=\square$，$x=\square$

解は2つです。

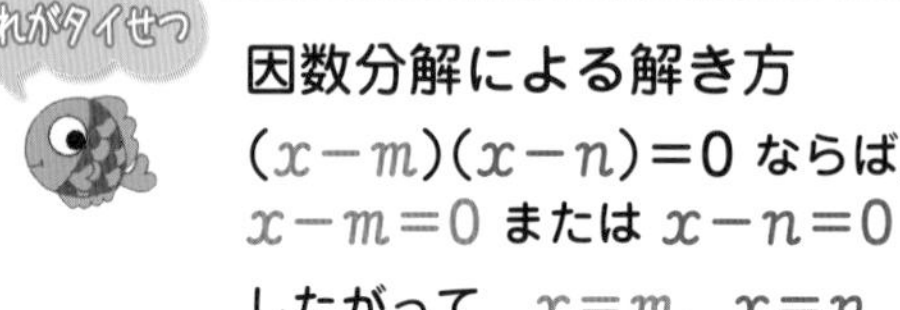

因数分解による解き方
$(x-m)(x-n)=0$ ならば，
$x-m=0$ または $x-n=0$
したがって，$x=m$，$x=n$

(2)

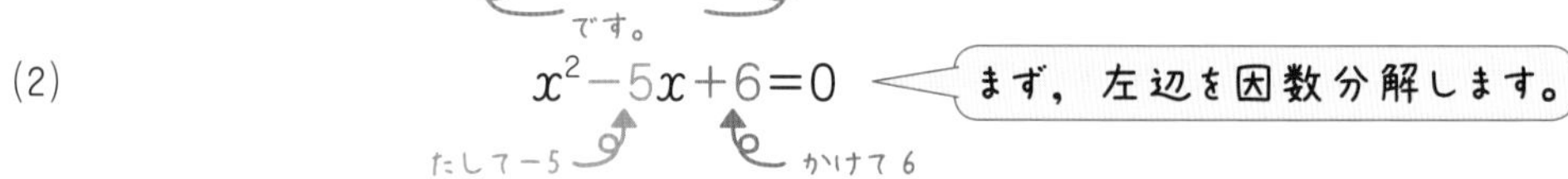

$x^2-5x+6=0$

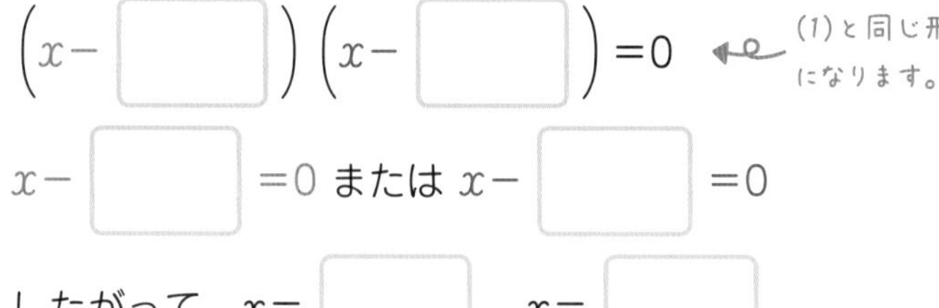

$(x-\square)(x-\square)=0$

(1)と同じ形になります。

$x-\square=0$ または $x-\square=0$

したがって，$x=\square$，$x=\square$

まずは因数分解しなされ
ありがたきお言葉！

例2 方程式$x^2-10x+25=0$を解きましょう。

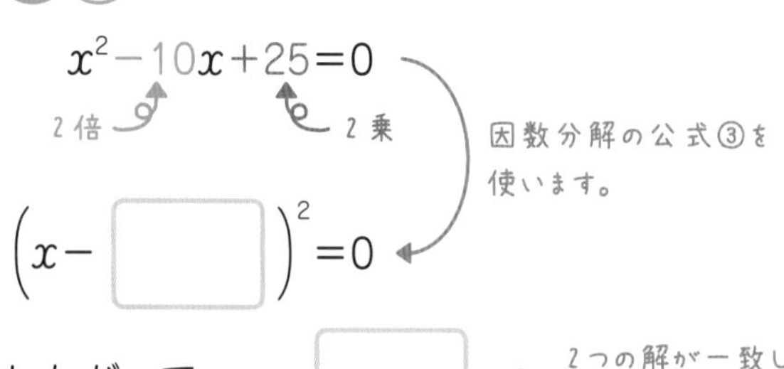

$x^2-10x+25=0$

$(x-\square)^2=0$

したがって，$x=\square$

2つの解が一致して，解は1つになります。

一般に2次方程式の解は2つだけど，$(x-m)^2=0$の形のときは1つなんだね。

これダケは覚えよう！

□ $(x-m)(x-n)=0$ の解…$x=m$ または $x=n$ である。

□ $(x-m)^2=0$ の解…$x=m$ の1つのみである。

➡答えは別冊p.7

1 次の方程式を解きましょう。

(1) $(x+2)(x-7)=0$

(2) $x^2-x-20=0$

(3) $x^2+8x+15=0$

(4) $x^2-x=0$

(5) $x^2+6x+9=0$

(6) $x^2-20x+100=0$

ミスに注意 x でわらずに因数分解を使おう

次の計算にはまちがいがあります。
どこがまちがいかわかりますか？

$x^2-2x=0$
$x-2=0$ （両辺を x でわります。）
$x=2$

それではこの問題を，因数分解を使って解いてみましょう。

$x^2-2x=0$
$x(x-2)=0$
$x=0$ または $x-2=0$
$x=0$，$x=2$

すると，$x=0$ も解であることがわかります。
両辺を x でわってしまうと，このようにまちがえてしまう場合があります。両辺を x でわらず，因数分解を使って解くようにしましょう。

〈左ページ例の答え〉 例1 (1) $x+4$，1，-4，(2) 2，3，2，3，2，3 例2 5，5

22 2次方程式の解き方(2) 平方根を使って解こう

$x^2=a$ の形をした方程式は，平方根の考え方を使って解きます。この方程式の解は2乗して a になる数（a の平方根）だから，$x=\pm\sqrt{a}$ です。⇒例①
$(x-m)^2=n$ の形をした方程式も同様に考えます。⇒例②

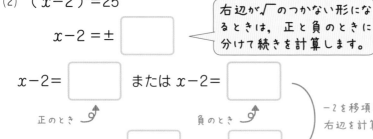

例① 次の方程式を解きましょう。

(1) $x^2=16$　　(2) $3x^2=21$

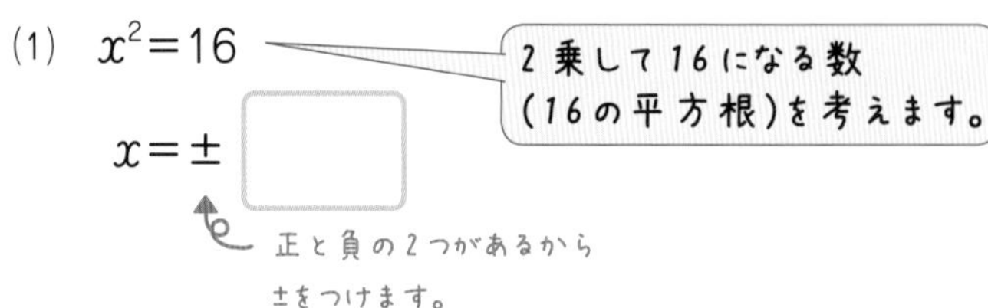

(1) $x^2=16$
2乗して16になる数(16の平方根)を考えます。
$x=\pm$
正と負の2つがあるから±をつけます。

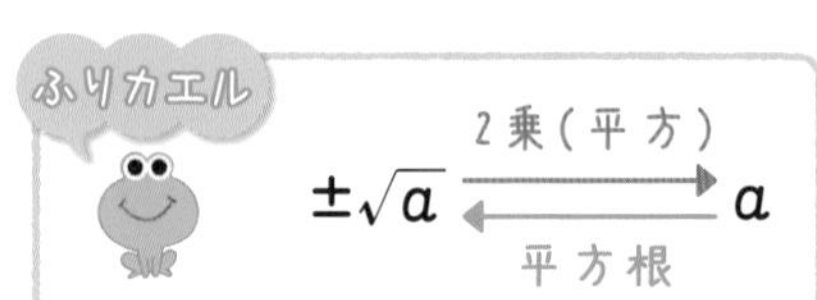

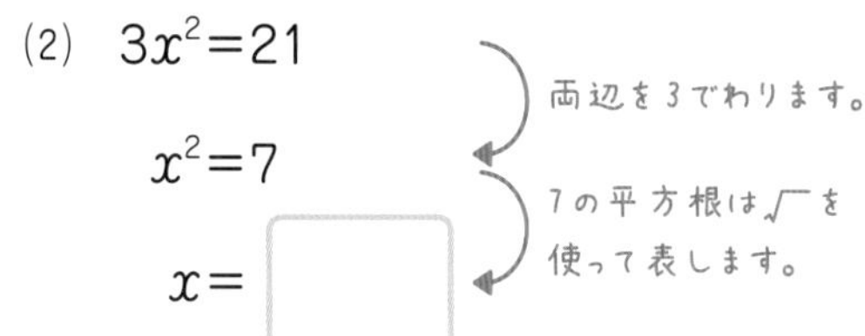

(2) $3x^2=21$
両辺を3でわります。
$x^2=7$
7の平方根は√を使って表します。
$x=$

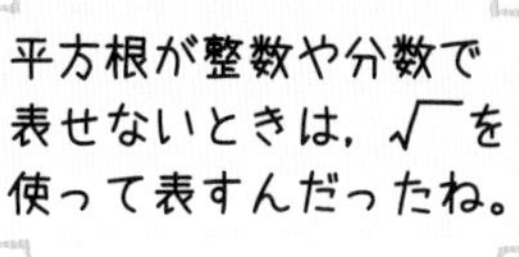

平方根が整数や分数で表せないときは，√を使って表すんだったね。

例② 次の方程式を解きましょう。

(1) $(x+3)^2=7$　　(2) $(x-2)^2=25$

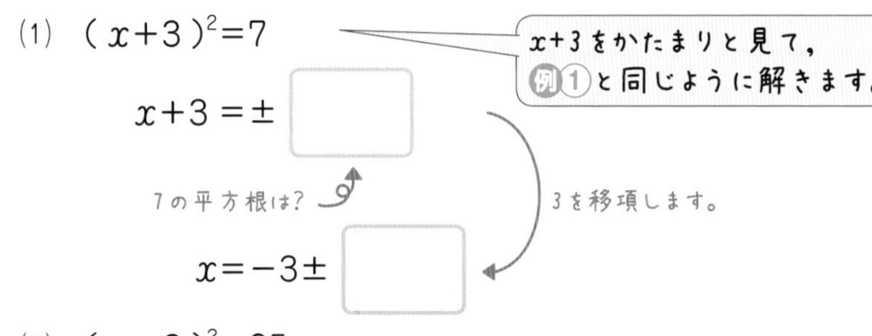

(1) $(x+3)^2=7$
$x+3$ をかたまりと見て，例①と同じように解きます。
$x+3=\pm$
7の平方根は?
3を移項します。
$x=-3\pm$

かたまりにして考える！
$x+3$

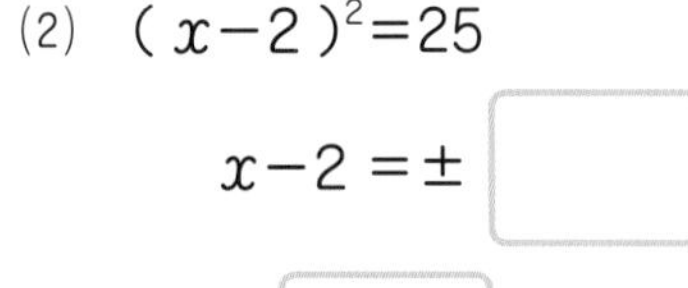

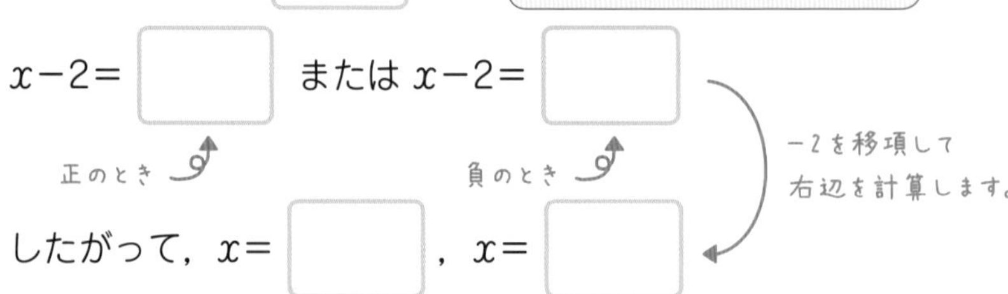

右辺が√のつかない形になるときは，正と負のときに分けて続きを計算します。
$x-2=$　または $x-2=$
正のとき
負のとき
−2を移項して右辺を計算します。
したがって，$x=$　，$x=$

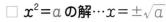

□ $x^2=a$ の解…$x=\pm\sqrt{a}$

□ $(x-m)^2=n$ の解…$x=m\pm\sqrt{n}$

$x^2=a$
$x=\pm\sqrt{a}$

$(x-m)^2=n$
$x-m=\pm\sqrt{n}$
$x=m\pm\sqrt{n}$

練習問題

➡答えは別冊p.8

1 次の方程式を解きましょう。

(1) $x^2=3$

(2) $5x^2-20=0$

(3) $(x+2)^2=11$

(4) $(x-5)^2=9$

(5) $(x-6)^2-48=0$

(6) $(x+7)^2-16=0$

プラスワン　平方根のルールは2次方程式でも使います

平方根では，$\sqrt{}$ の中をできるだけ小さい自然数にしたり(p.40)，分母を有理化したり(p.42)しました。この考え方は2次方程式でも使います。

例 $x^2=12$

$x=\pm\sqrt{12}$

$x=\pm\sqrt{4\times3}$

$x=\pm2\sqrt{3}$

$\sqrt{}$ の中をできるだけ小さい自然数にします。

例 $x^2=\frac{3}{2}$

$x=\pm\frac{\sqrt{3}}{\sqrt{2}}$

$x=\pm\frac{\sqrt{6}}{2}$

分母を有理化します。

〈左ページ例の答え〉 例① (1) 4　(2) $\pm\sqrt{7}$　例② (1) $\sqrt{7}$，$\sqrt{7}$　(2) 5，5，−5，7，−3

23 2次方程式の解の公式
解の公式を使って解こう

2次方程式で，因数分解できない式や平方根の考え方を使いにくい式は**解の公式**を利用します。解の公式を利用すれば，代入するだけで解を求めることができます。

$ax^2+bx+c=0$ の解の公式

$$x=\frac{-b\pm\sqrt{b^2-4ac}}{2a}$$

例1 次の方程式を，解の公式を使って解きましょう。

(1) $x^2+5x+2=0$　　(2) $3x^2-5x+1=0$

(1) 解の公式で，$a=1$，$b=5$，$c=2$ だから，

x^2+5x+2 は因数分解できないので，解の公式を使って解きます。

$$x=\frac{-5\pm\sqrt{\square^2-4\times\square\times\square}}{2\times1}$$

$$=\frac{-5\pm\sqrt{\square-\square}}{2}$$

$$=\frac{-5\pm\sqrt{\square}}{2}$$

これがタイセツ

2次方程式の解の公式

$ax^2+bx+c=0$ の解は，

$$x=\frac{-b\pm\sqrt{b^2-4ac}}{2a}$$

(2) 解の公式で，$a=3$，$b=-5$，$c=1$ だから，

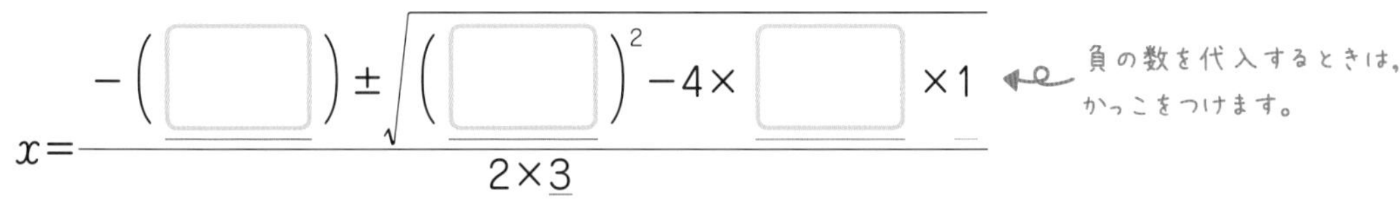

負の数を代入するときは，
かっこをつけます。

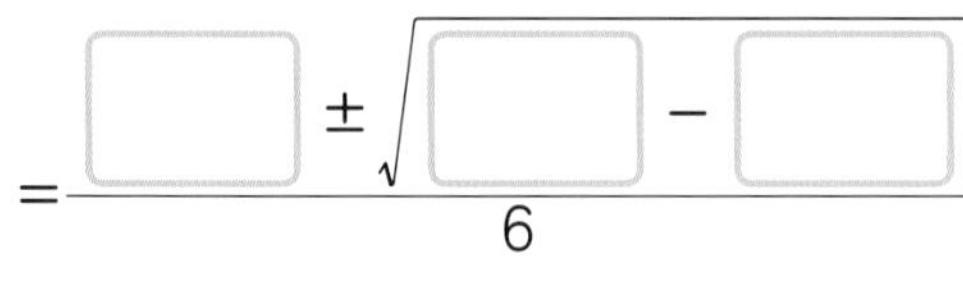

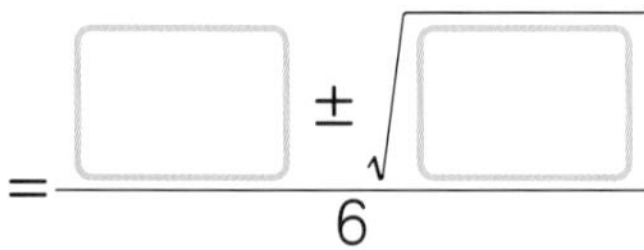

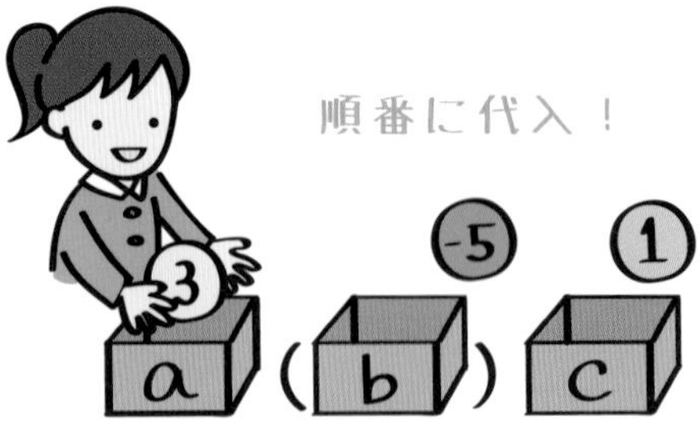

注 解の公式のつくり方は，p.65の レベルUP で説明しています。

これダケは覚えよう！

□ **2次方程式の解の公式**…$ax^2+bx+c=0$ の解の公式は，$x=\dfrac{-b\pm\sqrt{b^2-4ac}}{2a}$

➡答えは別冊p.8

1 **次の方程式を，解の公式を使って解きましょう。**

(1) $x^2+3x+1=0$

(2) $x^2+2x-5=0$

(3) $2x^2+3x-1=0$

(4) $3x^2-x-2=0$

ミスに注意　解の公式は困ったときの最終手段！

解の公式を使うと，どんな2次方程式でも解けますが，公式が複雑で，計算ミスしやすいのも事実です。
まずは因数分解や平方根の考え方を使って解けるかを考えましょう。それができない場合に，解の公式を使います。

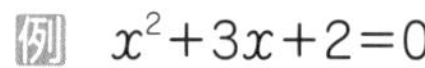

例　$x^2+3x+2=0$
➡因数分解できる!!
$(x+1)(x+2)=0$
より，$x=-1$，$x=-2$

例　$x^2+5x+2=0$
➡因数分解できない!!
解の公式より，$x=\dfrac{-5\pm\sqrt{17}}{2}$

仕方ない…解の公式を使おう
困ったとき

〈左ページ例の答え〉　例1 (1) 5，1，2，25　8，17　(2) −5，−5，3，5，25，12，5，13

24 いろいろな方程式
右辺を0にして解こう

右辺を0にすると，因数分解して解ける2次方程式もあります。➡例①
かっこをふくむ2次方程式は，乗法公式や分配法則を使って，かっこをはずしてから，右辺を0にします。➡例②

例① 次の方程式を解きましょう。

(1) $x^2=4x+12$　　　(2) $x^2=3x$

(1)

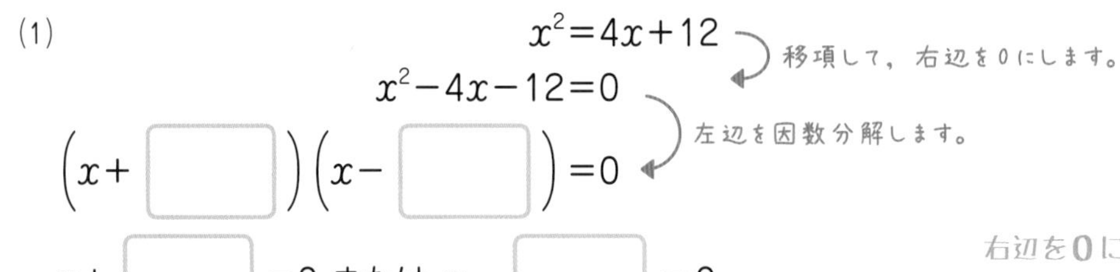

$x^2=4x+12$ 　移項して，右辺を0にします。

$x^2-4x-12=0$ 　左辺を因数分解します。

$(x+\square)(x-\square)=0$

$x+\square=0$ または $x-\square=0$

したがって，$x=\square$，$x=\square$

(2)

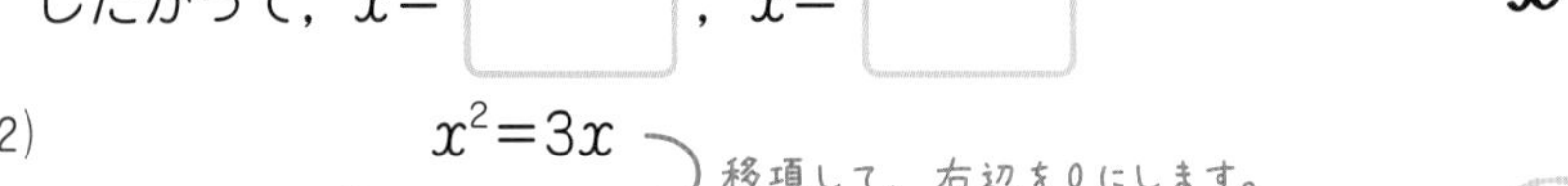

$x^2=3x$ 　移項して，右辺を0にします。

$x^2-3x=0$ 　共通因数をくくり出します。

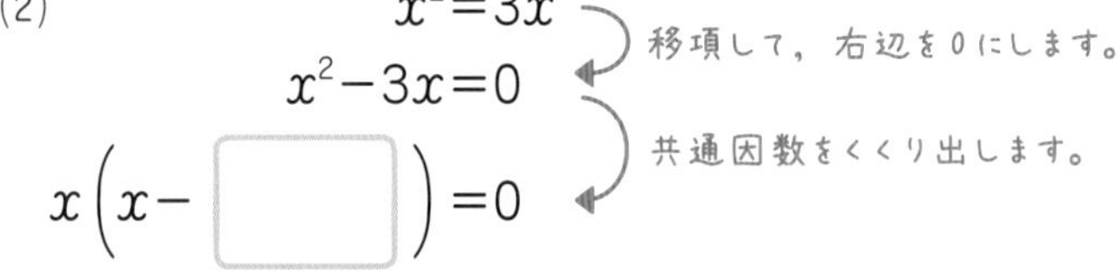

$x(x-\square)=0$

$x=\square$ または $x-\square=0$

したがって，$x=\square$，$x=\square$

両辺をxでわって，
$x^2-3x=0$
$x-3=0$ ✕
としないように注意!!
(p. 55 ミスに注意 参照)

例② $(x-2)(x-6)=-4$を解きましょう。

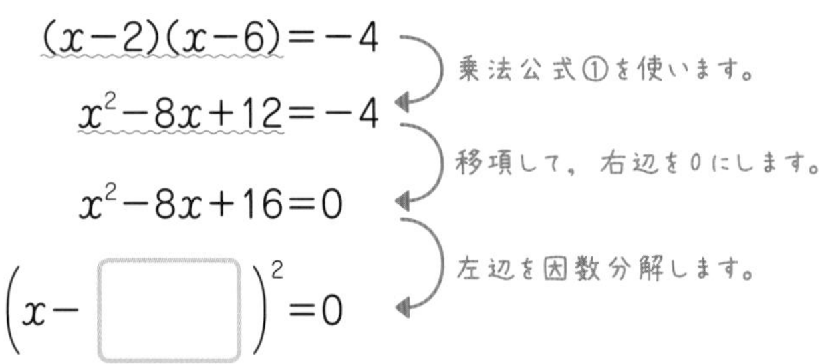

$(x-2)(x-6)=-4$ 　乗法公式①を使います。

$x^2-8x+12=-4$ 　移項して，右辺を0にします。

$x^2-8x+16=0$ 　左辺を因数分解します。

$(x-\square)^2=0$

$x-\square=0$　　したがって，$x=\square$ 　←解は1つです。

乗法公式①
$(x+a)(x+b)$
$=x^2+(a+b)x+ab$
（$a+b$：和，ab：積）

これダケは覚えよう！

□ **右辺が0でない2次方程式**…移項して，右辺を0にしてから解く。

□ **かっこをふくむ2次方程式**…かっこをはずしてから右辺を0にする。

➡答えは別冊p.8

1 次の方程式を解きましょう。

(1) $x^2+2x=15$

(2) $x^2-10=-3x$

(3) $x^2=x$

(4) $(x+4)(x-4)=15x$

(5) $(x-3)(x+2)=6$

(6) $(x+1)^2=-4x-8$

x^2 の係数を1にしてから解こう

x^2 の係数が1でない方程式は，係数を1にしてから解きます。

例 $2x^2-10x+12=0$ （両辺を2でわります。）

$x^2-5x+6=0$ （係数が1になります。）

$(x-2)(x-3)=0$

$x-2=0$ または $x-3=0$

したがって，$x=2$，$x=3$

例 $\frac{1}{2}x^2+\frac{7}{2}x+6=0$ （両辺に2をかけます。）

$x^2+7x+12=0$ （係数が1になります。）

$(x+3)(x+4)=0$

$x+3=0$ または $x+4=0$

したがって，$x=-3$，$x=-4$

〈左ページ例の答え〉 例1 (1) 2，6，2，6，−2，6 (2) 3，0，3，0，3 例2 4，4，4

2次方程式の利用

2次方程式を使って解こう

2次方程式を使って，整数についての文章題を考えてみましょう。まず，求めるものをxとし，等しい関係に注目して2次方程式をつくり，それを解きます。解を求めた後，方程式の解が問題に合っているか，確認することも大切です。

例1 連続する2つの自然数があります。それぞれを2乗した数の和が85になるとき，これら2つの自然数を求めましょう。

1　2つの自然数のうち小さいほうの数をxとすると，

大きいほうの数は $\square$ と表される。

（xより1大きいです。）

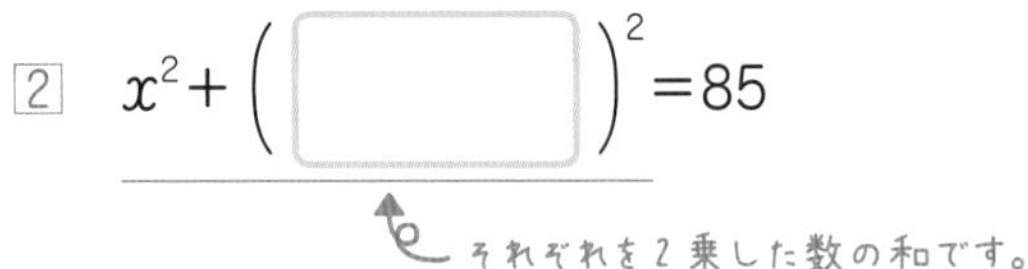

2　$x^2+(\square)^2=85$

（それぞれを2乗した数の和です。）

3　この2次方程式を解くと，

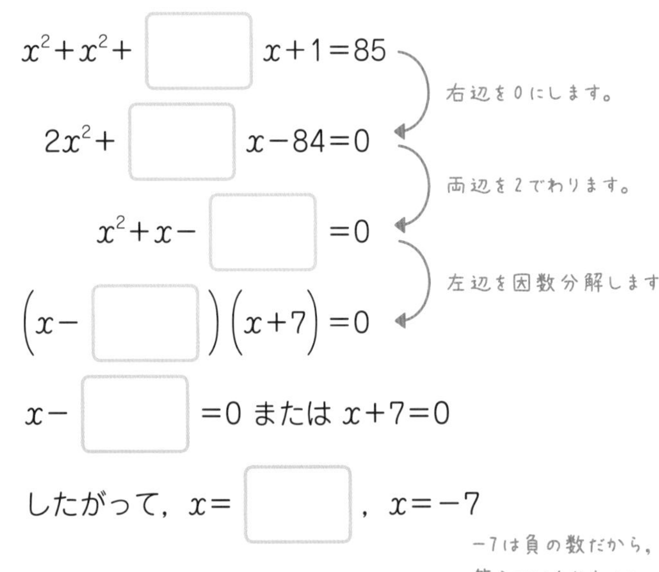

$x^2+x^2+\square x+1=85$
（右辺を0にします。）

$2x^2+\square x-84=0$
（両辺を2でわります。）

$x^2+x-\square=0$
（左辺を因数分解します。）

$(x-\square)(x+7)=0$

$x-\square=0$ または $x+7=0$

したがって，$x=\square$，$x=-7$

（-7は負の数だから，答えではありません。）

4　xは自然数（正の整数）だから，$x=\square$

答 $\square$ と $\square$

（小さいほうの数）（大きいほうの数（xより1大きい））

これがタイせつ

文章題を解く手順

1. 求めるものをxとする。
2. 等しい関係を見つけ，2次方程式をつくる。
3. 2次方程式を解く。
4. 解の確かめをする。

手順にそって，順番に！！

へい!! おまち!!

1 2 3 4

2つの解がどちらも問題の答えになるとはかぎらないので，注意しよう。

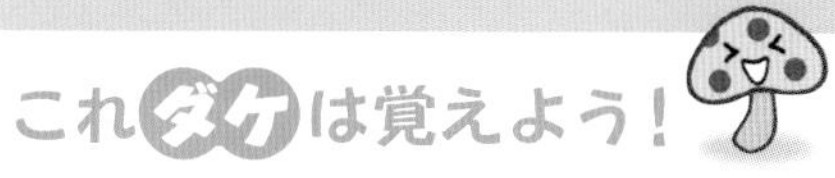

□ **2次方程式の文章題の解き方**…求めるものをxとして，2次方程式をつくる。
その2次方程式を解き，解の確かめを必ず行う。

➡答えは別冊p.8

1 **大小2つの自然数があります。大きいほうの数は小さいほうの数より3大きく，2つの数の積は70です。**

(1) 小さいほうの数をxとしたとき，大きいほうの数をxを使って表しましょう。

(2) この2つの自然数を求めましょう。

2次方程式を使って図形の問題を考えよう

2次方程式を使って図形の面積の問題を解くこともできます。

例　縦が横より5m長い長方形の土地に，右の図のような幅1mの道をつくると，道をのぞいた部分の面積が126m²でした。このとき，土地の横の長さは何mですか。

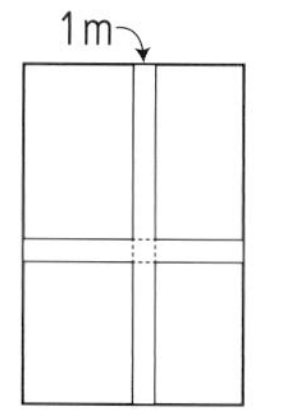

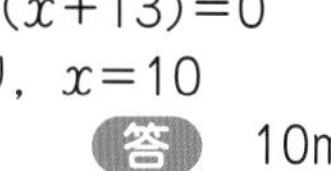

土地の横の長さをxmとすると，

$(x+4)(x-1)=126$

$x^2+3x-4=126$

$x^2+3x-130=0$

$(x-10)(x+13)=0$

$x>1$より，$x=10$

答　10m

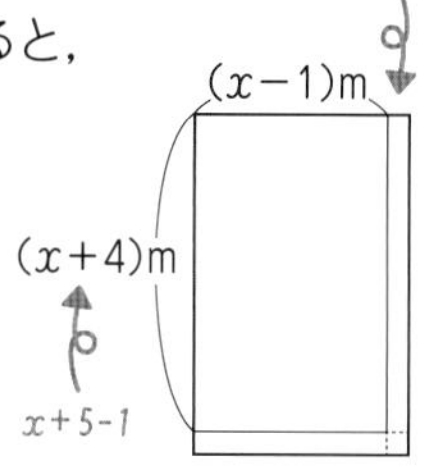

〈左ページ例の答え〉　例1　$x+1$，$x+1$，2，2，42，6，6，6，6，6，7

勉強した日　　月　　日　　得点　　／100点

➡答えは別冊p.9

ここで学習　1➡⑳　2➡㉑～㉒　3➡㉓　4➡㉔　5➡㉕

1 3，4，5，6のうち，方程式$x^2-9x+18=0$の解をすべて答えなさい。　（6点）

（　　　　　）

2 次の方程式を解きなさい。　7点×6(42点)

(1) $x^2+8x-20=0$

（　　　　　）

(2) $x^2+6x=0$

（　　　　　）

(3) $x^2-14x+49=0$

（　　　　　）

(4) $x^2-16=0$

（　　　　　）

(5) $3x^2=75$

（　　　　　）

(6) $(x-7)^2=5$

（　　　　　）

3 次の方程式を，解の公式を使って解きなさい。　7点×2(14点)

(1) $x^2+7x+8=0$

（　　　　　）

(2) $2x^2-3x+1=0$

（　　　　　）

4 次の方程式を解きなさい。

7点×4(28点)

(1) $x(x+2)=35$

(　　　　　)

(2) $(x-7)(x+5)+7x=-11$

(　　　　　)

(3) $(x+3)^2=7x+11$

(　　　　　)

(4) $(x-2)(x+2)=-x+2$

(　　　　　)

5 連続する3つの自然数があります。小さい数とまん中の数の積は，3つの数の和より12大きくなります。まん中の数をxとして，この3つの自然数を求めなさい。

(10点)

(　　　　　)

レベルUP 解の公式のつくり方

解の公式は，左辺を$(x+●)^2$の形にして，平方根の考え方を使ってつくります。

$$ax^2+bx+c=0$$

$$x^2+\frac{b}{a}x+\frac{c}{a}=0$$ ← 両辺をaでわる。

$$x^2+\frac{b}{a}x=-\frac{c}{a}$$ ← $\frac{c}{a}$を移項

$$x^2+\frac{b}{a}x+\left(\frac{b}{2a}\right)^2=-\frac{c}{a}+\left(\frac{b}{2a}\right)^2$$ ← 左辺を(　　)²の形にするために，両辺に$\left(\frac{b}{2a}\right)^2$をたす。

$$\left(x+\frac{b}{2a}\right)^2=\frac{b^2-4ac}{4a^2}$$ ← 左辺を因数分解，右辺を通分

$$x+\frac{b}{2a}=\pm\sqrt{\frac{b^2-4ac}{4a^2}}$$ ← 平方根を求める。

$$x=-\frac{b}{2a}\pm\frac{\sqrt{b^2-4ac}}{2a}$$ ← $\frac{b}{2a}$を移項

$$x=\frac{-b\pm\sqrt{b^2-4ac}}{2a}$$ ← 右辺を整理

特集　読ん得コラム　2次方程式を利用して箱をつくろう！！

右のようなふたのない箱をつくります。

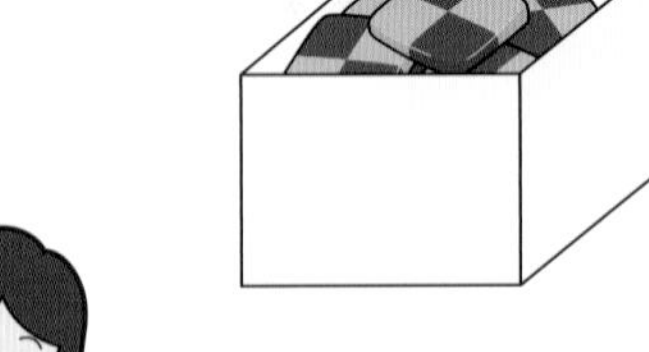

おいしそうなクッキーだね。

右の図のように正方形の厚紙の4すみから1辺の長さが4cmの正方形を4つ切り取って，この箱をつくります。容積をちょうど100cm³にするには，もとの正方形の1辺を何cmにすればよいでしょうか？

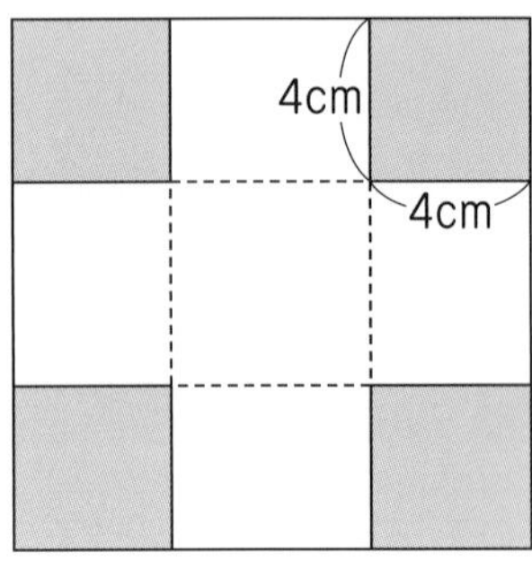

う～ん…　どうすればいいの…

求めるものを x としよう

文章題を解くときは，まず求めるものを x として，方程式を考えましょう。すると，今まで習った解き方で答えが求められることに気付きます。

$x$cm　4cm　4cm　$(x-8)$cm　$(x-8)$cm　$x$cm

正方形の1辺の長さを $x$cmとすると，

（求めるものを x とします。）

底面の1辺の長さは $(x-8)$cmとなるから，

（4cmを2つ分切り取るので，−8cmです。）

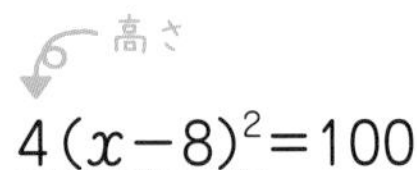

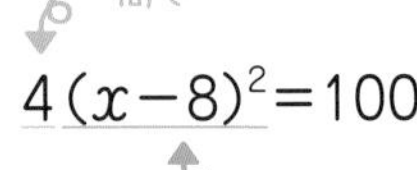

（高さ）

$4(x-8)^2=100$

（底面積）

（両辺を4でわります。）

$(x-8)^2=25$

（平方根を考えます。）

$x-8=\pm5$

$x-8=5$ または $x-8=-5$

したがって，$x=13$，$x=3$

$x>8$より，$x=13$

（4cmを2つ分切り取るので8より大きいです。）

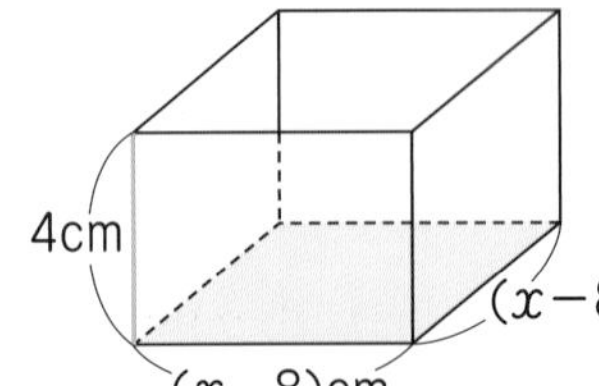

13cm

関数 $y=ax^2$

ここでは2乗に比例する関数($y=ax^2$)を学習します。2年生で習った1次関数($y=ax+b$)とのちがいに注意しながら進めていきましょう。

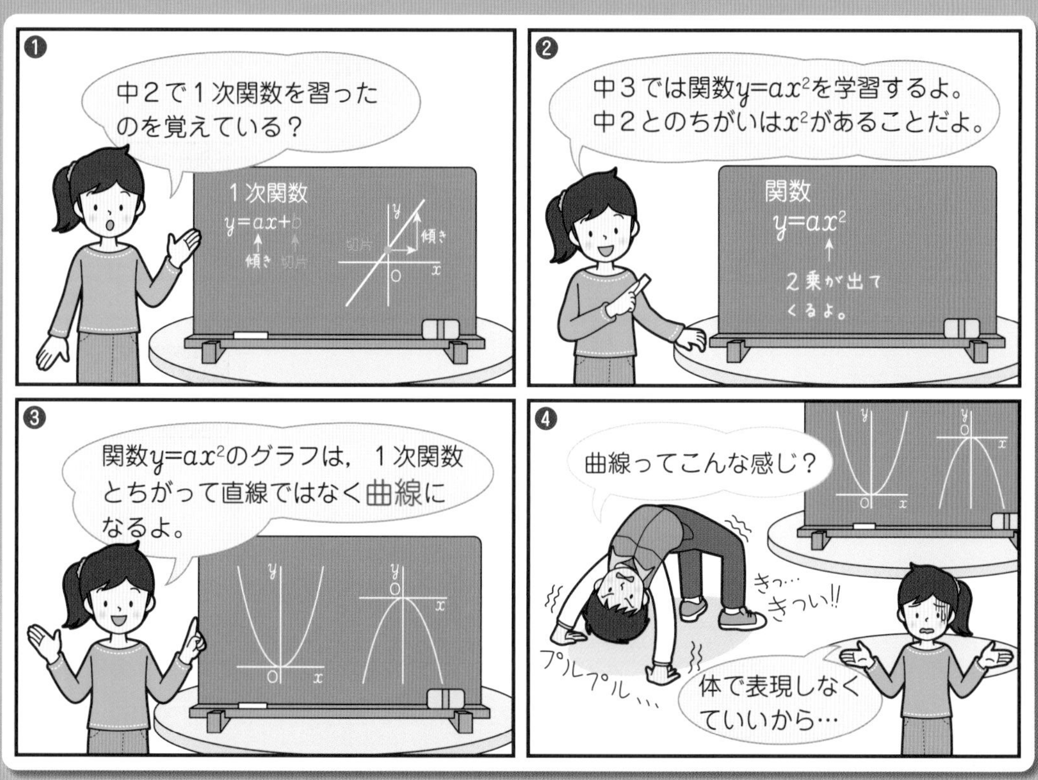

❶
中2で1次関数を習ったのを覚えている？
1次関数
y=ax+b
傾き
切片
❷
中3では関数y=ax²を学習するよ。中2とのちがいはx²があることだよ。
関数
y=ax²
2乗が出てくるよ。
❸
関数y=ax²のグラフは，1次関数とちがって直線ではなく曲線になるよ。
❹
曲線ってこんな感じ？
きっ…きつい!!
プルプル…
体で表現しなくていいから…

2乗に比例する関数

$y=ax^2$ と表される関数

$y=2x^2$ のように，$y=ax^2$ で表すことができるとき，y は x の2乗に比例するといい，a を比例定数といいます。

2乗に比例する関数の式
$y=ax^2$（a は定数）
↑比例定数

例1 横の長さが縦の長さの2倍の長方形があります。縦の長さを $x$cm，面積を $y$cm^2 とします。このときの x，y の関係を表にまとめました。

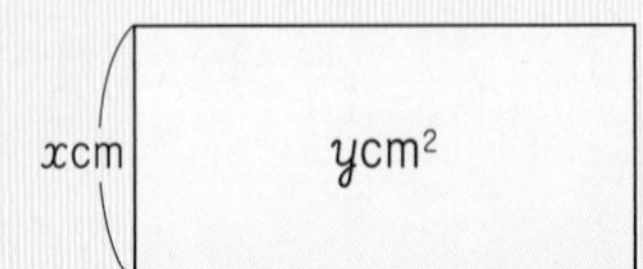
xcm
ycm²

(1) ㋐，㋑にあてはまる数を求めましょう。
(2) x の値が2倍，3倍，4倍になると，y の値はそれぞれ何倍になりますか。
(3) y を x の式で表しましょう。
(4) y は x^2 に比例するといえますか。比例するときは，比例定数を求めましょう。

x	0	1	2	3	4
y	0	2	8	㋐	㋑

(1) ㋐ $x=3$ のときだから，$y=3\times2\times3=$ □
縦　横は縦の2倍

㋑ $x=4$ のときだから，$y=4\times2\times4=$ □

(2) 右の表から，x の値が2倍，3倍，4倍になると，y の値は □ 倍，□ 倍，□ 倍になります。
2^2倍　3^2倍　4^2倍

x	0	1	2	3	4
y	0	2	8	㋐	㋑

（x：2倍，3倍，4倍　y：4倍，9倍，16倍）

(3) （長方形の面積）＝（縦）×（横）　だから，

$y=x\times2x$

$y=$ □

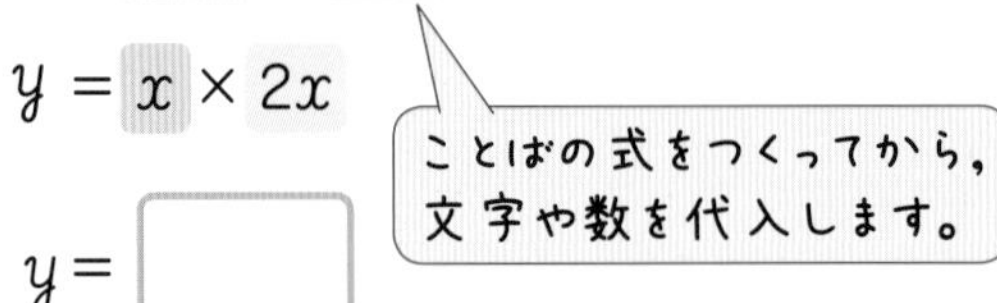
ことばの式をつくってから，文字や数を代入します。

ことばの式をつくるとわかりやすいね。

(4) (3)の式より，y は x^2 に比例すると □。

比例定数は，□

$y=ax^2$ の形をしていれば，y は x^2 に比例しているといえます。

これダケは覚えよう！

□ **y が x^2 に比例する関数**…$y=ax^2$ と表され，a を**比例定数**という。
x の値が n 倍になると，y の値は n^2 倍になる。

練習問題

➡答えは別冊p.9

1 **右の表は，$y=3x^2$ で表される関数の x と y の関係を表したものです。**

x	0	1	2	3	4
y	0	3	12	27	48

(1) x の値が2倍，3倍，4倍になると，y の値はそれぞれ何倍になりますか。

(2) 比例定数を求めましょう。

2 **次の㋐～㋒で，y が x^2 に比例しているものはどれですか。**

㋐ 縦が $x$cm，横が4cmの長方形の面積 $y$cm^2

㋑ 円周率を π としたとき，半径が $x$cmの円の面積 $y$cm^2

㋒ 1辺が $x$cmの立方体の体積 $y$cm^3

プラスワン　y が x^2 に比例することを確かめてみよう

例①で，y と x^2 の関係を調べるために，表に x^2 を加えると右のようになります。
このとき，x^2 の値が4倍，9倍，16倍になると，y の値も4倍，9倍，16倍になっているので，たしかに y は x^2 に比例していることがわかります。

x	0	1	2	3	4
x^2	0	1	4	9	16
			4倍	9倍	16倍
y	0	2	8	18	32
			4倍	9倍	16倍

〈左ページ例の答え〉 例① (1) 18，32　(2) 4，9，16　(3) $2x^2$　(4) いえます，2

関数$y=ax^2$の式の求め方

比例定数と式を求めよう

2乗に比例する関数の式を求めるときは，まず式を$y=ax^2$と表します。
次に，$y=ax^2$の式にx，yの値を代入して，aについての方程式をつくります。
その方程式を解き，比例定数aを求めます。

例1 yはxの2乗に比例し，$x=3$のとき$y=36$です。
(1) yをxの式で表しましょう。
(2) $x=-2$のときのyの値を求めましょう。

(1) 1 yはxの2乗に比例するから，$y=ax^2$と表すことができます。
←xの2乗に比例するからこの式になります。

2 $x=3$のとき，$y=36$だから，

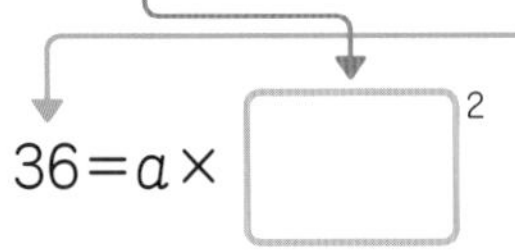

$36=a\times$ □^{2}

3 したがって，$a=$ □

$y=ax^2$の形で答えます。

答 □

これがタイせつ
式を求める手順
1 $y=ax^2$と表す。
2 x，yの値を代入して方程式をつくる。
3 2を解き，aの値を求める。

(2) $y=$ □ x^2に$x=-2$を代入すると，
←(1)で求めた式を利用します。

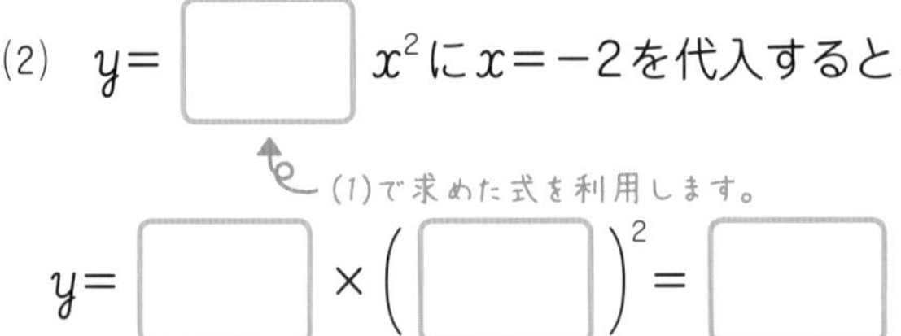

$y=$ □ $\times$ (□)$^2=$ □

←負の数を代入するときは，かっこを忘れずに！

aの符号が＋のときは，yの符号も＋になるよ。

例2 yがxの2乗に比例し，xとyの値の関係が表のようになるとき，yをxの式で表しましょう。

x	-3	2
y	45	20

1 yはxの2乗に比例するから，$y=ax^2$と表します。

2 $x=-3$のとき，$y=45$だから，

表の値に注目します。

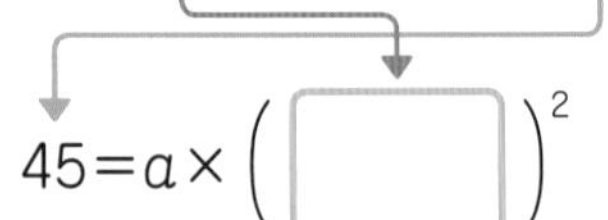

$45=a\times$ (□)^2

$x=2$，$y=20$を代入してaの値を求めることもできるよ。

3 したがって，$a=$ □

答 □

これダケは覚えよう！

□ **2乗に比例する関数の式の求め方**…$y=ax^2$と表し，$y=ax^2$ にx，yの値を代入して，比例定数aを求める。

2乗に比例する関数の式
$y=ax^2$（aは定数）
↑比例定数

練習問題

➡答えは別冊p.9

1 **yはxの2乗に比例し，$x=4$のとき$y=-8$です。**

(1) yをxの式で表しましょう。

(2) $x=-6$のときのyの値を求めましょう。

2 **yがxの2乗に比例し，xとyの値の関係は表のようになります。**

(1) yをxの式で表しましょう。

x	-3	6
y	3	㋐

(2) ㋐にあてはまる数を求めましょう。

プラスワン　関数$y=ax^2$は「2次関数」の特別な場合

$y=ax+b$で表される関数は1次関数といい，$y=ax$(比例)は，1次関数で$b=0$の特別な場合でした。

では，右辺がxの2次式の場合はどうでしょうか。xの2次式はax^2+bx+cという形で表すことができるので，$y=ax^2+bx+c$を2次関数といいます。

関数$y=ax^2$は，2次関数で$b=0$，$c=0$の特別な場合といえるのです。

1次関数　$y=ax+b$
比例　$y=ax$ ← 1次関数の特別な場合

2次関数　$y=ax^2+bx+c$
関数　$y=ax^2$ ← 2次関数の特別な場合

〈左ページ例の答え〉 例① (1) 3，4，$y=4x^2$　(2) 4，4，-2，16　例② -3，5，$y=5x^2$

関数$y=ax^2$のグラフのかき方(1)

$a>0$のときのグラフをかこう

関数$y=ax^2$のグラフをかくときは，表から座標を求めて，
それらをなめらかな曲線でつなぎます。
関数$y=ax^2$のグラフは原点を通る曲線（放物線（ほうぶつせん））になります。

例1 関数$y=x^2$のグラフをかきましょう。

1 まず，xとyの関係を表にまとめます。

x	…	-4	-3	-2	-1	0	1	2	3	4	…
y	…	16	□	4	1	□	1	4	9	□	…

$y=x^2$に$x=-3$を代入します。

2 上の表のx，yの値の組を座標とする点をとります。

例えば$x=-4$と$y=16$より点$(-4,\ 16)$をとります。

3 2でとった点を，なめらかな曲線でつなぎます。

このグラフの特徴（とくちょう）は，次のようになります。

$x=0$のとき$y=0$なので，□を通ります。

グラフは□軸（じく）について対称（たいしょう）になります。

xがどんな値をとっても，yはいつも0または□の値なので，グラフは，x軸の□側にあります。

「正」?「負」?

「上」?「下」?

$y=ax^2$のグラフは，$a>0$のときは，いつも$y\geqq0$になるよ。

これがタイせつ

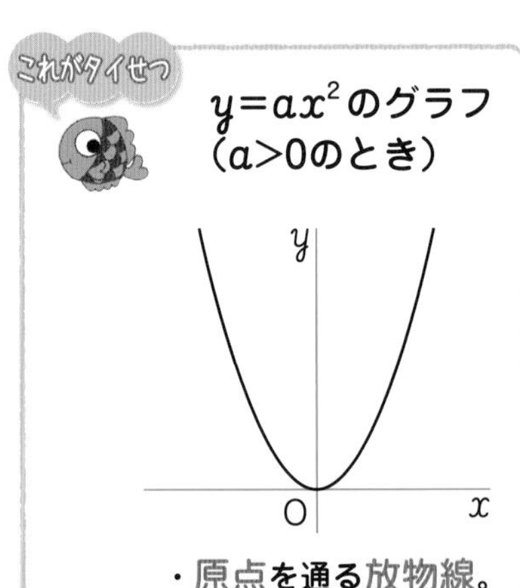

- 原点を通る放物線。
- y軸について対称。
- x軸の上側にあり，上に開く形。

これダケは覚えよう！

□ $y=ax^2$ のグラフ($a>0$) …原点を通る放物線で，y 軸について対称。x 軸の上側にあり，上に開く形。

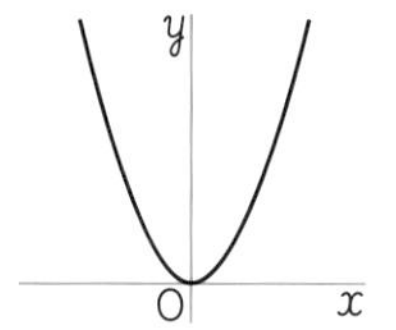

練習問題

➡答えは別冊p.10

1 次の関数のグラフを，表を利用してかきましょう。

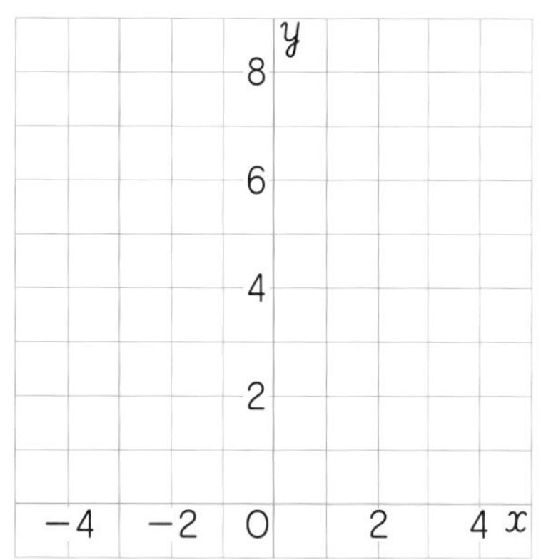

(1) $y=2x^2$

x	…	−2	−1	0	1	2	…
y	…						…

(2) $y=\frac{1}{2}x^2$

x	…	−4	−2	0	2	4	…
y	…						…

プラスワン　放物線とは…

関数 $y=ax^2$ のグラフは，物を放ったときにできる線に似ているので放物線といいます。
放物線は線対称な形で，対称の軸をもちます。
対称の軸と放物線が交わった点を頂点といいます。

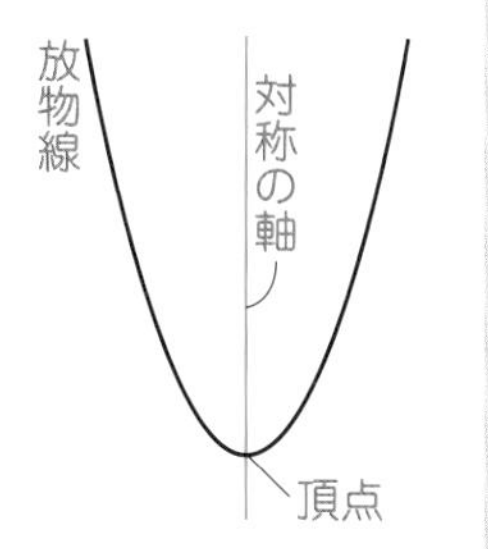

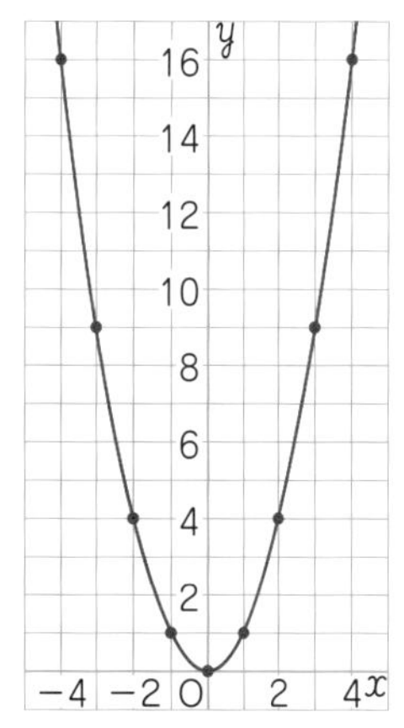

〈左ページ例の答え〉 例1 9，0，16，原点，y，正，上　グラフは右の図

関数$y=ax^2$のグラフのかき方(2)

$a<0$のときのグラフをかこう

ここでは，$a<0$のときのグラフをかきます。前ページの28と同様に表から座標を求めて，なめらかな曲線でつなぎます。$a>0$のときとのちがいを比べながらかきましょう。

例1 関数$y=-x^2$のグラフをかきましょう。

1 xとyの関係を表にまとめます。

x	…	−4	−3	−2	−1	0	1	2	3	4	…
y	…	−16	−9	□	−1	□	−1	−4	−9	□	…

$y=-x^2$に$x=-2$を代入します。

2 上の表のx，yの値の組を座標とする点をとります。

3 2でとった点を，なめらかな曲線でつなぎます。

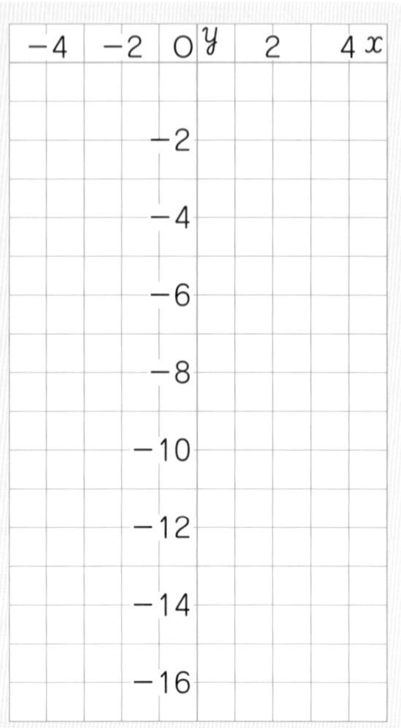

このグラフの特徴は，次のようになります。

$x=0$のとき$y=0$なので，□を通ります。

グラフは□軸について対称になります。

xがどんな値をとっても，yはいつも0または

□の値なので，グラフは，x軸の

「正」?「負」?

□側にあります。

「上」?「下」?

$y=-x^2$のグラフは，$y=x^2$のグラフとx軸に対して対称になるよ。

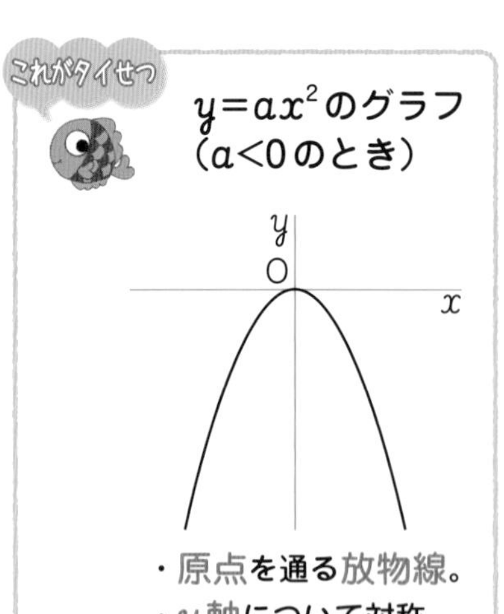

これがタイせつ
$y=ax^2$のグラフ
($a<0$のとき)
y
O
x
・原点を通る放物線。
・y軸について対称。
・x軸の下側にあり，
下に開く形。

これダケは覚えよう！

□ $y=ax^2$ のグラフ（$a<0$）…原点を通る放物線で，y 軸について対称。
x 軸の下側にあり，下に開く形。

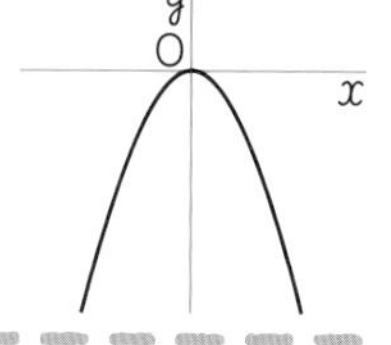

練習問題

➡答えは別冊p.10

1 次の関数のグラフを，表を利用してかきましょう。

(1) $y=-2x^2$

x	…	-2	-1	0	1	2	…
y	…						…

(2) $y=-\frac{1}{2}x^2$

x	…	-4	-2	0	2	4	…
y	…						…

プラスワン　関数 $y=ax^2$ のグラフの特徴をまとめよう

関数 $y=ax^2$ のグラフの特徴は，次のようになります。

- 原点を通り，y 軸について対称。
- $a>0$ のとき，上に開く形。
- $a<0$ のとき，下に開く形。
- a の値の絶対値が大きいほど，グラフの開き方は小さい。

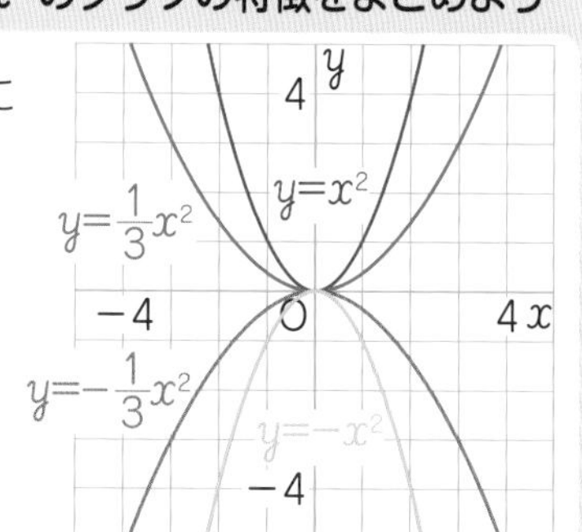

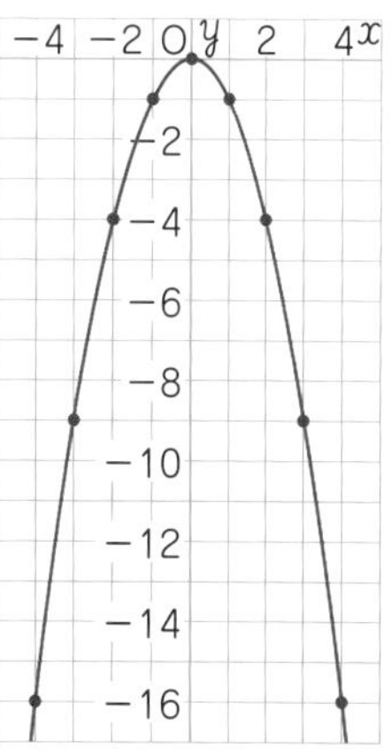

〈左ページ例の答え〉 例1 −4，0，−16，原点，y，負，下　グラフは右の図

関数 $y=ax^2$ の変域

x と y の範囲を考えよう

ここでは，関数 $y=ax^2$ の変域（範囲）を考えます。
y の変域を求めるときは，必ずグラフをかいて確認しましょう。
特に，x の変域に0をふくむ場合は注意が必要です。

例1 関数 $y=x^2$ について，x の変域が次のときの y の変域を求めましょう。

(1) $1 \leqq x \leqq 2$　　(2) $-1 \leqq x \leqq 2$

(1) 右のグラフより，$1 \leqq x \leqq 2$ のときの y の変域は，
$x=1$ のとき最小値をとり，その値は，

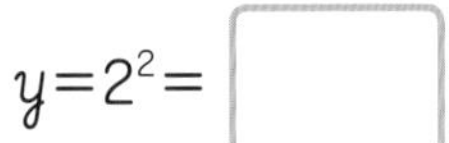

$y=1^2=$ □

$x=2$ のとき最大値をとり，その値は，

もっとも大きい値のことです。

$y=2^2=$ □

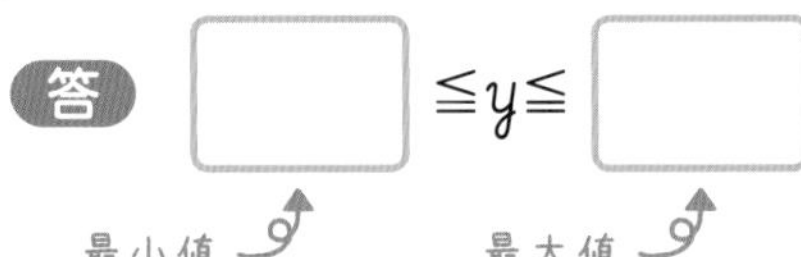

答 □ $\leqq y \leqq$ □

最小値　最大値

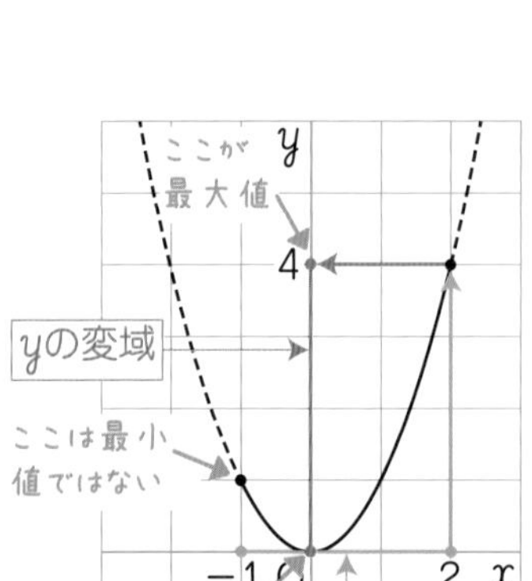

(2) 右のグラフより，$-1 \leqq x \leqq 2$ のときの y の変域は，
$x=0$ のとき最小値をとり，その値は，

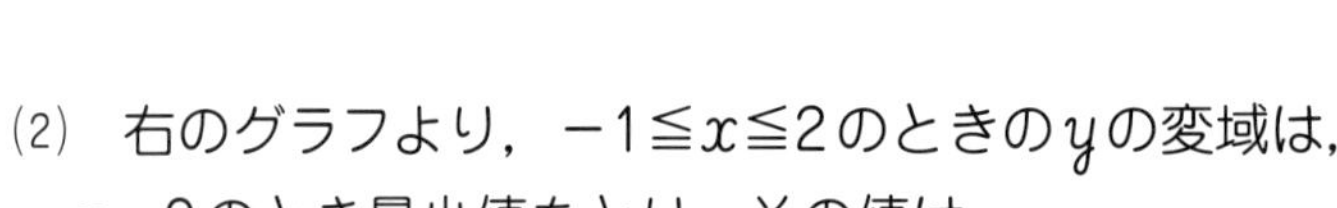

$x=-1$ のときは最小値にならないことに注意！

$y=0^2=$ □

$x=2$ のとき最大値をとり，その値は，

$y=2^2=$ □

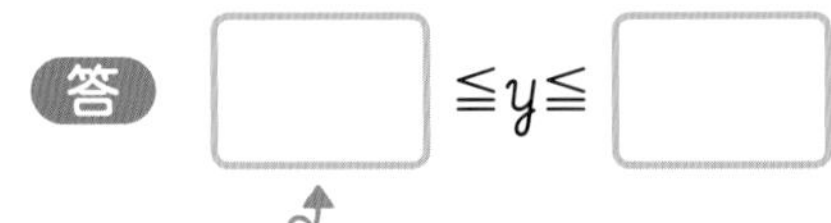

答 □ $\leqq y \leqq$ □

最小値に注意！

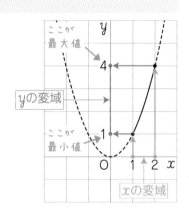

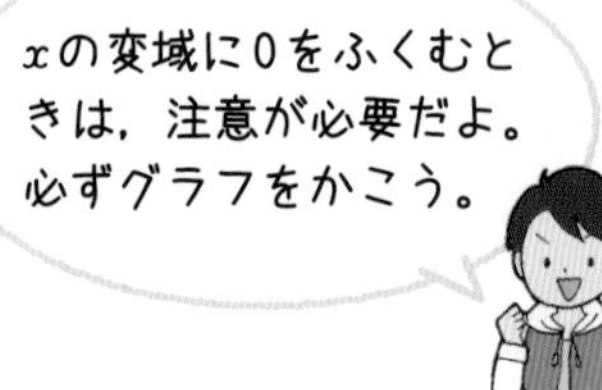

これダケは覚えよう！

□ **関数 $y=ax^2$ の y の変域**…およその形でよいので，必ずグラフをかいて考える。
x の変域に0をふくむときは，特に注意する。

➡答えは別冊p.10

1 **関数 $y=-2x^2$ について，x の変域が次のときの y の変域を求めましょう。**

(1) $-2 \leqq x \leqq -1$

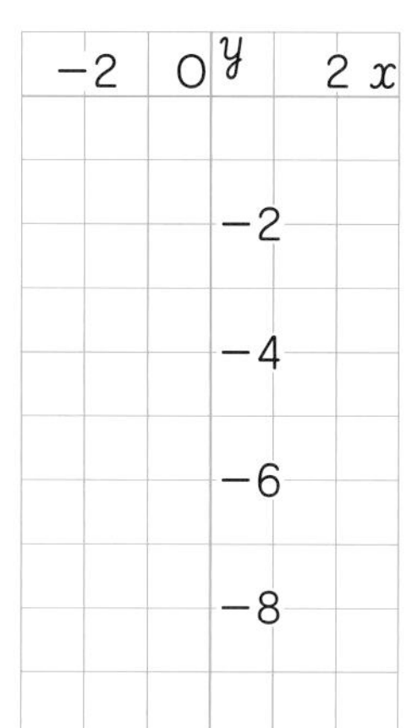

(2) $-1 \leqq x \leqq 2$

ミスに注意　1次関数とのちがいに注意！

1次関数 $y=ax+b$ では，x の変域の両端に対応する y の値が y の変域でした。

ところが関数 $y=ax^2$ では，x の変域に0をふくむ場合，両端が最大値や最小値になるとはかぎらないので注意が必要です。

1次関数

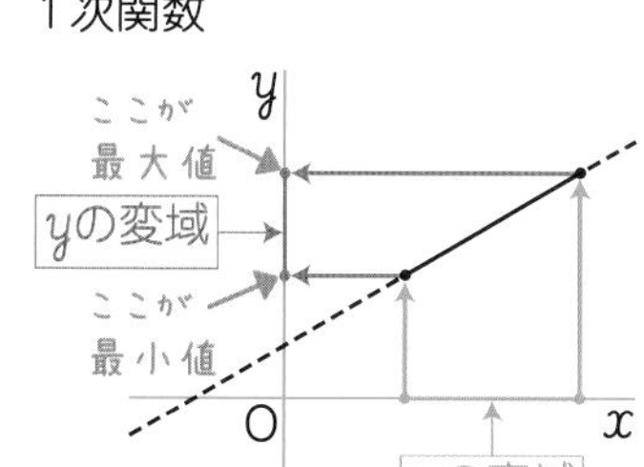

関数 $y=ax^2$

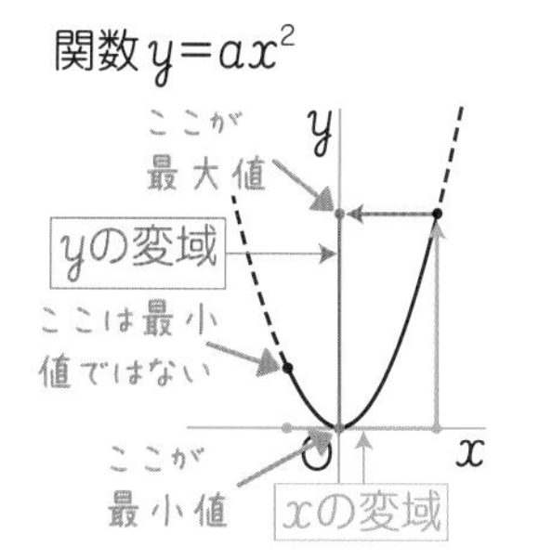

〈左ページ例の答え〉 例1 (1) 1，4，1，4　(2) 0，4，0，4

関数$y=ax^2$の変化の割合

xとyの増え方に注目しよう

関数$y=ax^2$でも，変化の割合は$\dfrac{(y\text{の増加量})}{(x\text{の増加量})}$の式で求めます。1次関数のときとちがい，2乗に比例する関数では，変化の割合は一定ではありません。

例1 関数$y=x^2$で，xの値が次のように増加するときの変化の割合を求めましょう。

(1) 1から2まで　　(2) −3から−2まで

(1) $x=1$のとき，$y=1^2=1$

$x=2$のとき，$y=2^2=4$

変化の割合を求めるために，x，yの増加量を計算します。

(xの増加量)$=2-1=$□

表で右から左をひきます。

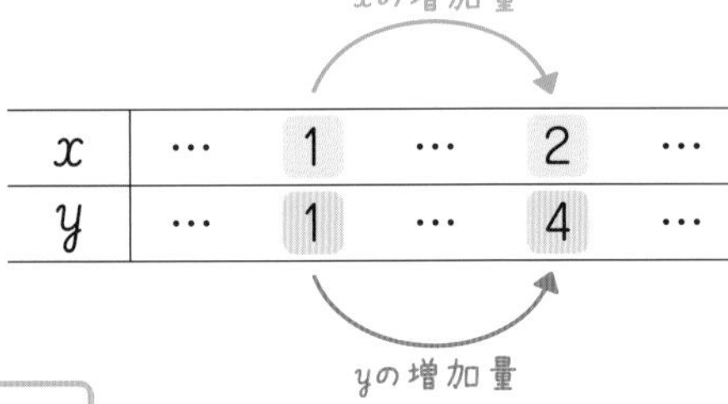

x	…	1	…	2	…
y	…	1	…	4	…

(yの増加量)$=4-1=$□

(変化の割合)$=\dfrac{(y\text{の増加量})}{(x\text{の増加量})}=$□$=$□

(2) $x=-3$のとき，$y=(-3)^2=9$

$x=-2$のとき，$y=(-2)^2=4$

(xの増加量)$=-2-(-3)=$□　←−2+3

負の数をひくときはかっこをつけます。

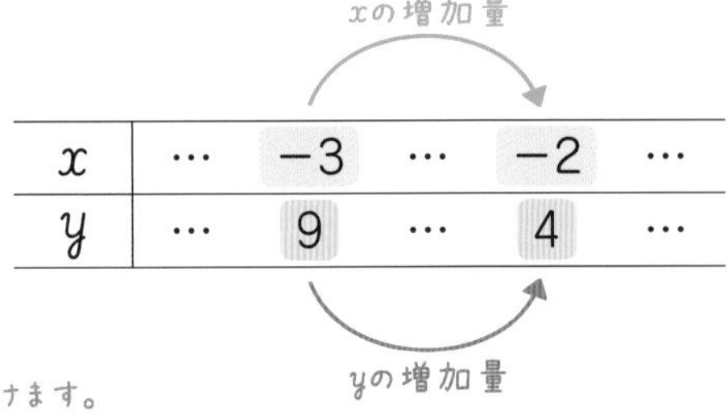

x	…	−3	…	−2	…
y	…	9	…	4	…

(yの増加量)$=4-9=$□　←9−4としないよう注意!!

(変化の割合)$=\dfrac{(y\text{の増加量})}{(x\text{の増加量})}=$□$=$□

(1)とは異なる値になります。

$y=ax^2$の変化の割合は一定じゃない!!

このように，関数$y=ax^2$では，xの値がどこからどこまで増加するかによって，変化の割合は異なり，一定ではありません。←1次関数の変化の割合は一定です。

□ **関数 $y=ax^2$ の変化の割合**…x の値によって変化の割合は異なり，**一定ではない。**

$$(\text{変化の割合})=\frac{(y\text{の増加量})}{(x\text{の増加量})}$$

練習問題

➡答えは別冊p.10

1 関数 $y=3x^2$ で，x の値が次のように増加するときの変化の割合を求めましょう。

(1) 2から3まで　　(2) −2から−1まで

2 関数 $y=-2x^2$ で，x の値が次のように増加するときの変化の割合を求めましょう。

(1) 1から4まで　　(2) −5から−1まで

プラスワン　変化の割合をグラフで考えると…

例①で求めたように，関数 $y=x^2$ で変化の割合は，

(1) x が1から2まで増加するとき，$\frac{3}{1}=3$

(2) x が−3から−2まで増加するとき，$\frac{-5}{1}=-5$

これをグラフで考えると，右の図のようにグラフ上の2点を結ぶ直線の傾き（かたむ）きを表しています。ここからも，2乗に比例する関数の変化の割合が一定ではないことがわかります。

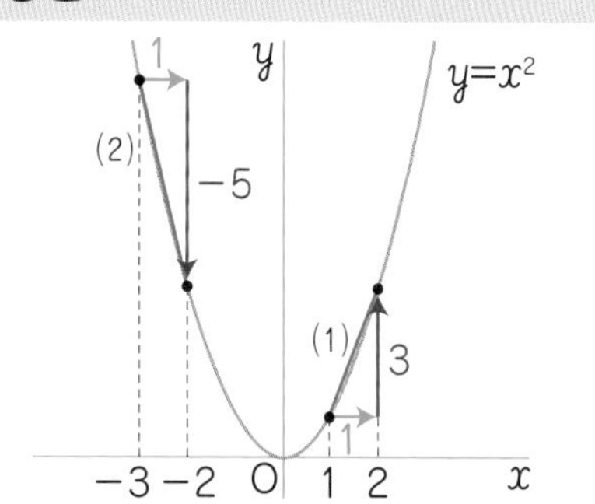

〈左ページ例の答え〉 例① (1) 1，3，$\frac{3}{1}$，3　(2) 1，−5，$\frac{-5}{1}$，−5

32 関数$y=ax^2$の利用
$y=ax^2$を使って解こう

関数$y=ax^2$を利用して，図形の辺の上を点が動く問題も解くことができます。問題をよく読んで，何をx，yとするかをきちんとおさえてから，面積の公式などを使ってxとyの関係を式で表しましょう。

例1 右の図のような直角三角形ABCで，点Pは，点Bを出発して点Aまで，点Qは，点Pと同時に点Bを出発して点Pの2倍の速さで点Cまで動きます。BPの長さを$x$cmとするときの△PBQの面積を$y$cm^{2}とします。

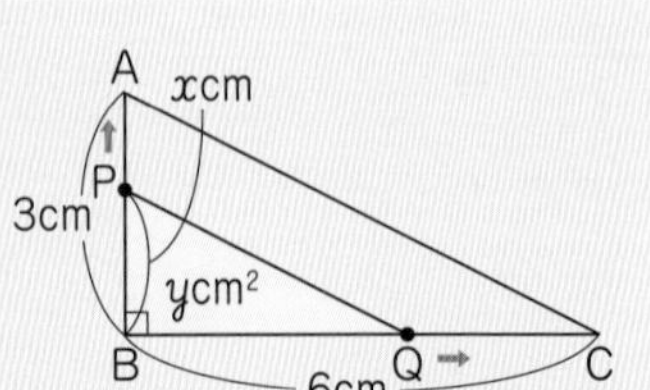

(1) yをxの式で表しましょう。
(2) $x=2$のときのyの値を求めましょう。
(3) xとyの変域をそれぞれ求めましょう。

(1) (三角形の面積)$=\frac{1}{2}\times$(底辺)$\times$(高さ)　だから，

ことばの式をつくってから，文字や数を代入しましょう。

$y \quad = \frac{1}{2}\times \; 2x \; \times \; x$

$y=$ □

(2) $y=$ □^{2} $=$ □　(1)の式に$x=2$を代入します。

(3) 点Pの動きから，xの変域は$0 \leqq x \leqq$ □　辺ABの長さを考えます。

このときのyの変域は，右のグラフより，
$x=0$のとき最小値をとり，その値は，

$y=$ □　(1)の式に$x=0$を代入します。

$x=$ □ のとき最大値をとり，その値は，

$y=$ □^{2} $=$ □　△ABCの面積と等しくなります。

したがって，□ $\leqq y \leqq$ □

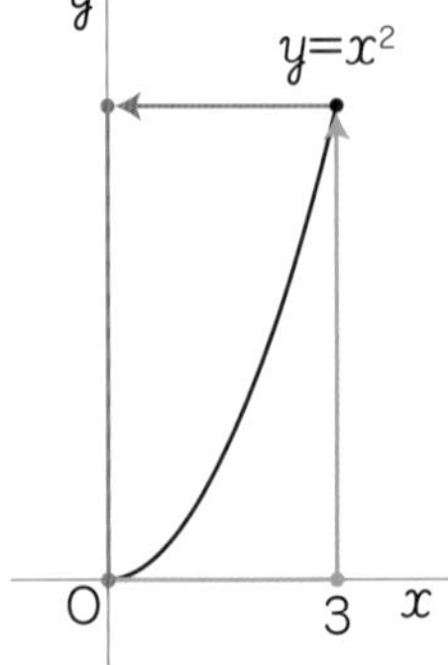

これダケは覚えよう！

□ **点が動く問題の考え方**…何をx，yとするかをきちんとおさえ，図形の面積の公式などを使ってxとyの関係を式で表す。

練習問題

➡答えは別冊p.11

1 右の図のような直角三角形ABCで，点Pは，点Bを出発して点Aまで，点Qは，点Pと同時に点Bを出発して点Pの半分の速さで点Cまで動きます。BPの長さを$x$cmとするときの△PBQの面積を$y$cm^{2}とします。

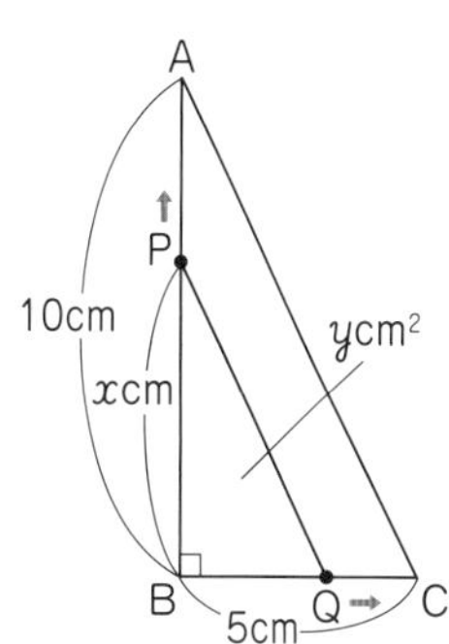

(1) yをxの式で表しましょう。

(2) $x=4$のときのyの値を求めましょう。

(3) xとyの変域をそれぞれ求めましょう。

プラスワン　ボールを落下させると…

2乗に比例する関数は身のまわりにも存在します。
ボールを持って手を放し，x秒後に落下する距離(きょり)をymとすると，ボールの重さに関係なく，およそ$y=4.9x^2$という関係が成り立ちます。つまり，落下する距離は，時間の2乗に比例します。
例えば，ボールを放して3秒後に落下する距離は，

$y=4.9\times3^2=44.1$

← $y=4.9x^2$に$x=3$を代入します。

より，およそ44mです。

〈左ページ例の答え〉 例1 (1) x^2 (2) 2，4 (3) 3，0，3，3，9，0，9

いろいろな関数

グラフが階段状になる関数

2乗に比例する関数や1次関数の他にも関数はあります。例えば，「小包の重さ$x$kgの運送料金y円」のような関係は，xの値が決まればyの値がただ1つに決まるので，yはxの関数といえます。

例1 下の表は，ある会社の小包の運送料金を表したものです。小包の重さを$x$kg，料金をy円として，6kgまでのxとyの関係をグラフに表しましょう。

重さ	料金
2kgまで	400円
3kgまで	500円
4kgまで	600円
5kgまで	700円
6kgまで	800円

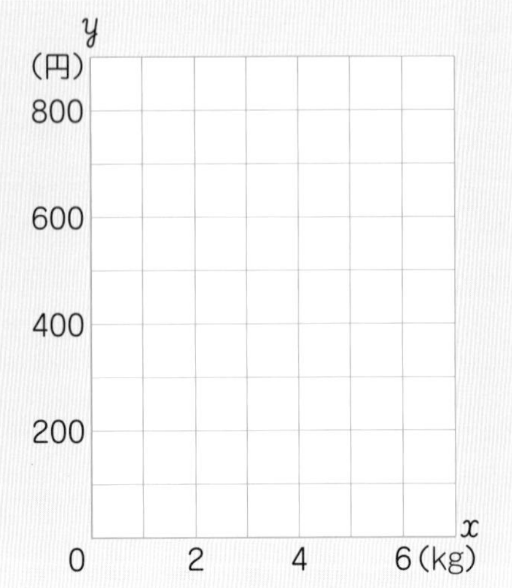

1　xの変域で分けて，yの値を考えます。

（2kgまでだからふくみます。）

$0<x \leqq 2$のとき，$y=400$

（x軸に平行な直線です。）

$2<x \leqq 3$のとき，$y=500$

（2はふくみません。）

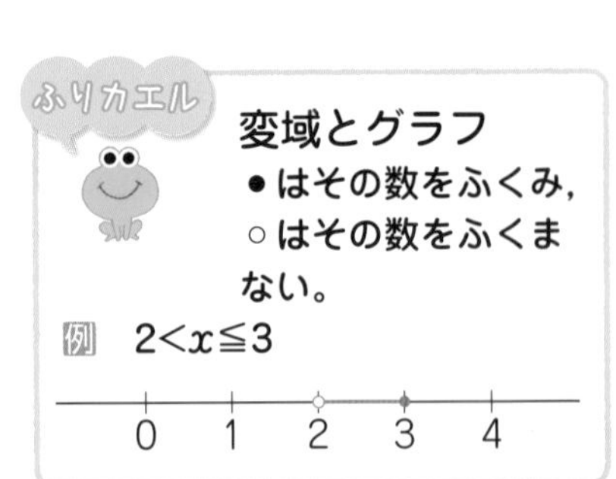

ふりカエル
変域とグラフ
●はその数をふくみ，
○はその数をふくまない。
例　$2<x \leqq 3$
0
1
2
3
4

2　1で求めた値をグラフに表します。（端の点に注意してかきましょう。）

郵便はがき

おそれいりますが，切手をおはりください。

162-0814

東京都新宿区新小川町4－1
（株）文理

「わからないをわかるにかえる」
アンケート 係

ご住所	〒 都道府県 市区郡 電話 － －		
お名前	フリガナ	男・女	学年 年
お買上げ日	年 月	学習塾に	□通っている □通っていない

＊ご住所は町名・番地までお書きください。

✂はがきで送られる方はここを切り取ってください。

「わからないをわかるにかえる」をお買い上げいただき，ありがとうございました。今後のよりよい本づくりのため，裏にありますアンケートにお答えください。

アンケートにご協力くださった方の中から，抽選で（年2回），**図書カード1000円分**をさしあげます。（当選者は，ご住所の都道府県名とお名前を文理ホームページ上で発表させていただきます。）なお，このアンケートで得た情報は，ほかのことには使用いたしません。

《はがきで送られる方》

① 左のはがきの下のらんに，お名前など必要事項をお書きください。

② 裏にあるアンケートの回答を，右にある回答記入らんにお書きください。

③ 点線にそってはがきを切り離し，お手数ですが，左上に切手をはって，ポストに投函してください。

《インターネットで送られる方》

① 文理のホームページにアクセスしてください。アドレスは，

https://portal.bunri.jp

② 右上のメニューから「おすすめ CONTENTS」の「わからないをわかるにかえる」を選び，クリックすると読者アンケートのページが表示されます。回答を記入して送信してください。上の QR コードからもアクセスできます。

アンケート

●次のアンケートにお答えください。回答は右のらんのあてはまる□をぬってください。

[1] 今回お買い上げになった教科は何ですか。
① 国語　② 社会　③ 数学　④ 理科　⑤ 英語

[2] この本をお選びになったのはどなたですか。
① 自分(中学生)　② ご両親　③ その他

[3] この本を選ばれた決め手は何ですか。(複数可)
① 内容・レベルがちょうどよいので。
② 説明がわかりやすいので。
③ カラーで見やすく，わかりやすいので。
④ イラストが楽しく，わかりやすいので。
⑤ 以前に使用してよかったので。
⑥ 付録がついているので。
⑦ 高校受験に備えて。
⑧ その他

[4] どのような使い方をされていますか。(複数可)
① おもに授業の予習・復習に使用。
② おもにテスト対策に使用。
③ おもに前学年の復習に使用。
④ その他

[5] 内容はいかがでしたか。
① わかりやすい。　② ややわかりにくい。
③ わかりにくい。　④ その他

[6] 問題の量はいかがでしたか。
① ちょうどよい。　② 多い。　③ 少ない。

[7] 問題のレベルはいかがでしたか。
① ちょうどよい。　② 難しい。　③ やさしい。

[8] ページ数はいかがでしたか。
① ちょうどよい。　② 多い。　③ 少ない。

[9] 表紙デザインはいかがでしたか。
① なかなかよい。　② ふつう。
③ あまりよくない。

[10] カラーの誌面デザインはいかがでしたか。
① なかなかよい。　② ふつう。
③ あまりよくない。

[11] 英語の音声付録(CD／ネット配信)はいかがでしたか。
① 役に立つ。　② あまり役に立たない。
③ まだ使用していない。

[12] 付録のカードやミニブックはいかがでしたか。
① 役に立つ。　② あまり役に立たない。
③ まだ使用していない。

[13] 文理の問題集で，使用したことがあるものがあれば教えてください。
① 小学教科書ワーク　② 中学教科書ワーク
③ 教科書ドリル　④ 中間・期末の攻略本
⑤ 完全攻略　⑥ その他

[14]「わからないをわかるにかえる」について，ご感想やご意見・ご要望等がございましたら教えてください。

[15] この本のほかに，お使いになっている参考書や問題集がございましたら，教えてください。また，どんな点がよかったかも教えてください。

ご住所	〒　都道府県　市区郡　電話　－　－		
お名前	フリガナ	男・女	学年　年
お買上げ月　年　月	学習塾に　□通っている　□通っていない		

＊ご住所は，町名，番地までお書きください。

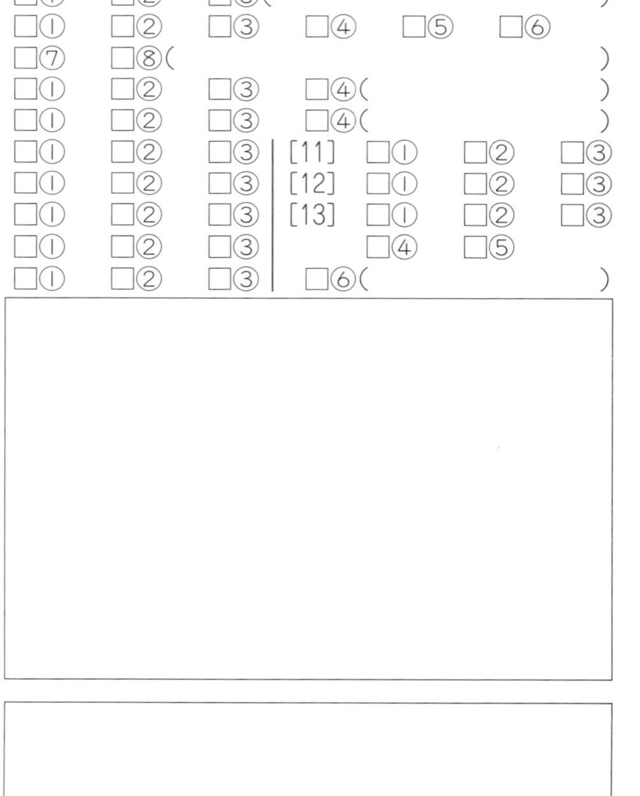

アンケートの回答：記入らん

[1] □①　□②　□③　□④　□⑤
[2] □①　□②　□③(　　)
[3] □①　□②　□③　□④　□⑤　□⑥　□⑦　□⑧(　　)
[4] □①　□②　□③　□④(　　)
[5] □①　□②　□③　□④(　　)
[6] □①　□②　□③
[7] □①　□②　□③
[8] □①　□②　□③
[9] □①　□②　□③
[10] □①　□②　□③
[11] □①　□②　□③
[12] □①　□②　□③
[13] □①　□②　□③　□④　□⑤　□⑥(　　)
[14]
[15]

これダケは覚えよう！

□ **グラフが階段状になる関数**…x と y の関係を，具体的に調べてグラフを考える。
小包の重さと運送料金の関係を表すグラフは，階段のような形になる。

練習問題

➡答えは別冊p.11

1 下の表は，ある運送会社で，品物を箱に入れて送るときの料金を表しています。縦，横，高さの合計が $x$cm の料金を y 円として，140cm までの x と y の関係をグラフに表しましょう。

縦，横，高さの合計	料金
60cmまで	600円
80cmまで	700円
100cmまで	800円
120cmまで	900円
140cmまで	1000円

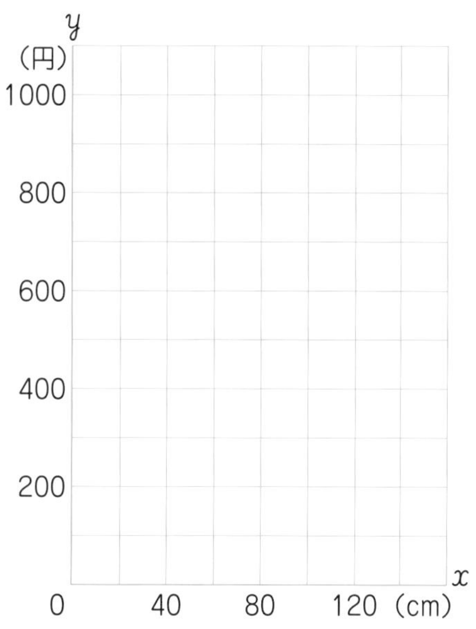

ミスに注意 「以下」と「未満」のちがいに注意

グラフが階段状になる関数では，グラフをかくときに端をふくむかどうかに注意しましょう。

～以上（以下），～まで
➡その数をふくむ。不等号≦や≧を使い，グラフの端は●（ぬりつぶします）。

～未満，～より大きい（小さい）
➡その数をふくまない。不等号＜や＞を使い，グラフの端は○（ぬりつぶしません）。

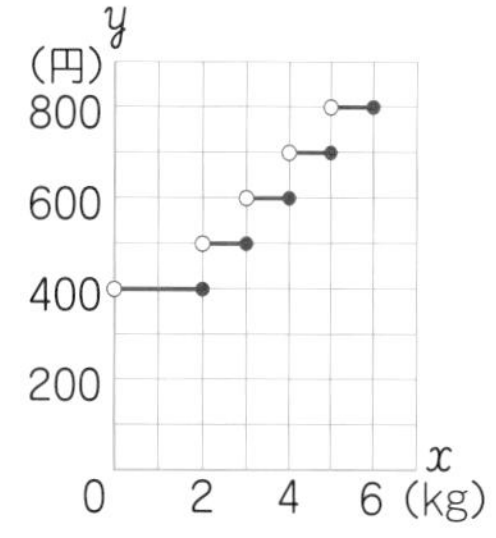

〈左ページ例の答え〉 例1 3，4，4，5，700，5，6，800　グラフは右の図

勉強した日 月 日 | 得点 ／100点

➡答えは別冊p.11

ここで学習 1➡㉖ 2➡㉗ 3➡㉘～㉙ 4➡㉚ 5➡㉛ 6➡㉜ 7➡㉝

1 次の㋐～㋒で，yがx^2に比例しているものはどれですか。 （10点）

㋐ 縦が5cm，横が$(x+1)$cmの長方形の面積$y$cm^2

㋑ 1辺の長さが$2x$cmの正方形の面積$y$cm^2

㋒ 1辺の長さが$2x$cmの立方体の体積$y$cm^3

（　　　　）

2 yがx^2に比例し，$x=-2$のとき，$y=8$です。 10点×2（20点）

(1) yをxの式で表しなさい。

（　　　　）

(2) $x=3$のときのyの値を求めなさい。

（　　　　）

3 次の関数のグラフをかきなさい。 10点×2（20点）

(1) $y=\frac{1}{4}x^2$

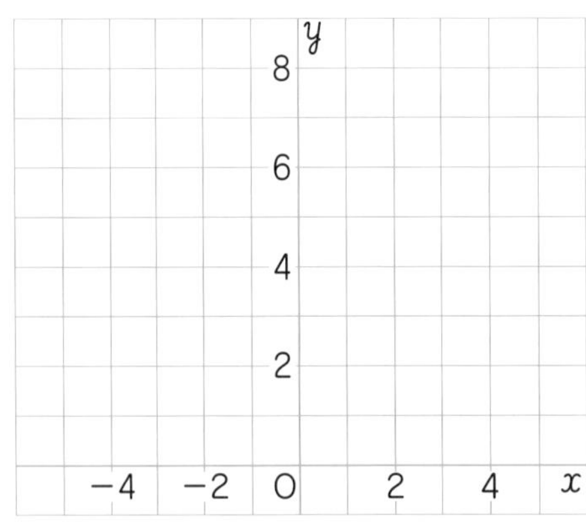

(2) $y=-\frac{1}{4}x^2$

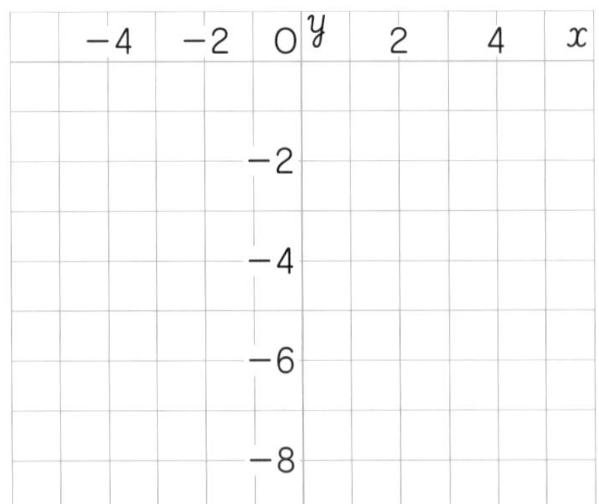

4 関数$y=3x^2$で，xの変域が$-4\leqq x\leqq 1$のときのyの変域を求めなさい。 （10点）

（　　　　）

5 関数$y=-3x^2$で，xの値が-5から-2まで増加したときの変化の割合を求めなさい。 （10点）

（　　　　　）

6 右の図のような正方形ABCDで，点Pは点Bを出発して点Aまで，点Qは点Pと同時に点Bを出発して，点Pの3倍の速さで点Cまで動きます。BPの長さを$x$cmとするときの△PBQの面積を$y$cm^{2}とします。このとき，yをxの式で表しなさい。ただし，$0 \leqq x \leqq 8$とします。 （15点）

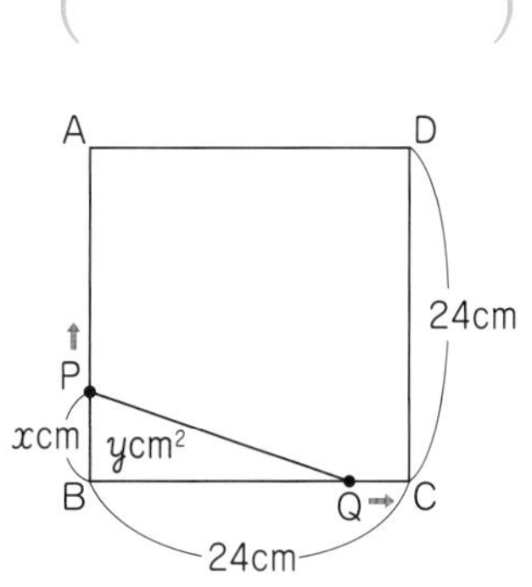

（　　　　　）

7 ある駐車場の駐車料金は，60分まで400円で，その後，30分ごとに200円ずつ加算されます。
この駐車場にx分駐車したときの料金をy円として，$0 < x \leqq 180$のときのxとyの関係をグラフに表しなさい。 （15点）

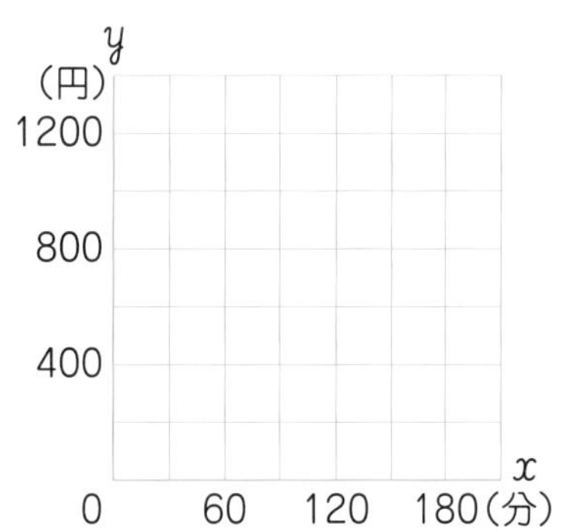

レベルUP　放物線と直線

放物線の座標を利用して，直線の式を求めることができます。

例　$y=x^2$のグラフ上に，x座標がそれぞれ-1，2となる2点A，Bをとります。このとき，直線ABの式を求めましょう。

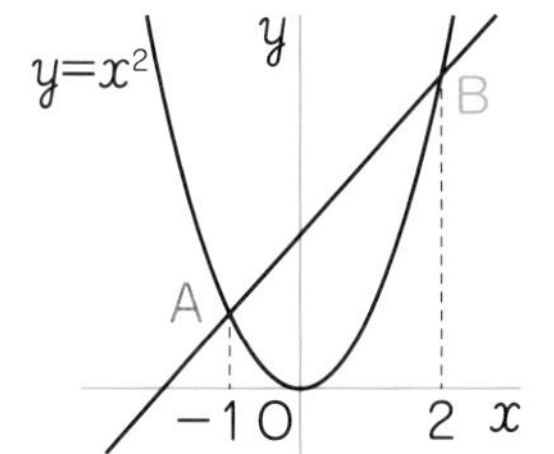

$y=x^2$に$x=-1$を代入すると，$y=1$
$y=x^2$に$x=2$を代入すると，$y=4$
したがって，2点$(-1,\ 1)$，$(2,\ 4)$を通る直線の式を求めます。
$y=ax+b$にそれぞれの値を代入して，連立方程式を解くと，$a=1$，$b=2$

答　$y=x+2$

読んで得するコラム

特集 関数$y=ax^2$を使って時間を計る!?

振り子が1往復する時間（周期）がx秒の振り子の長さをymとすると，xとyにはおよそ$y=\frac{1}{4}x^2$という関係があります。

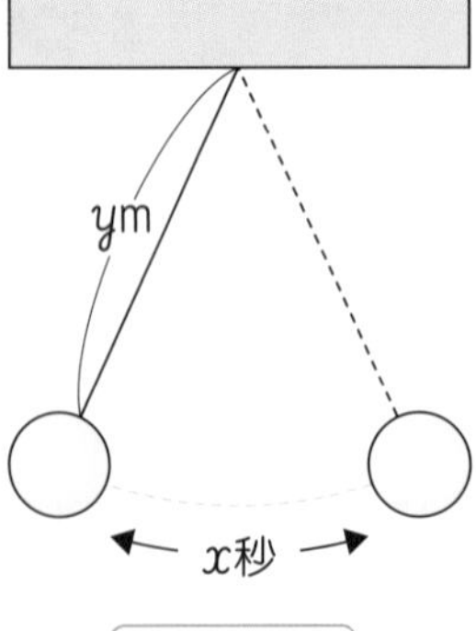

$y=\frac{1}{4}x^2$

長さと時間が関係するんだね。

では，振り子を使って1秒を計るにはどうしたらよいでしょうか。

長さが関係しているから…

式を利用して考えよう

振り子の周期（x秒）と長さ（ym）には，およそ$y=\frac{1}{4}x^2$という関係が成り立ちます。

この式に$x=1$を代入して，yの値を求めます。

$y=\frac{1}{4}\times 1^2=\frac{1}{4}$

振り子の長さをおよそ$\frac{1}{4}$m（25cm）にする。

空気抵抗などがあるので正確に1秒となるわけではありませんが，時計がない所で時間を計りたいときに，関数$y=ax^2$を利用することができるんですね。

それから，おもりの重さには無関係なんですよ!!

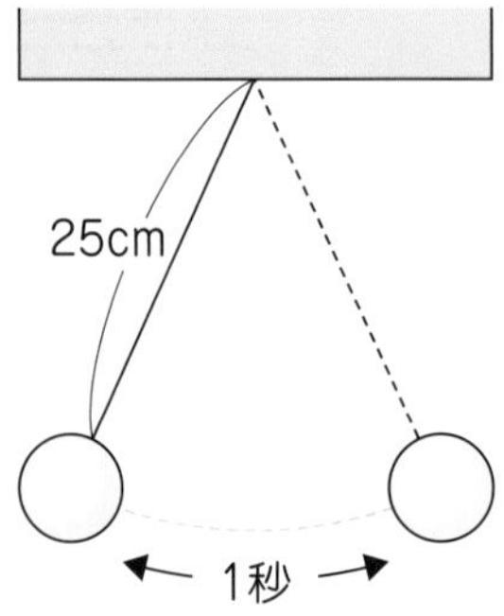

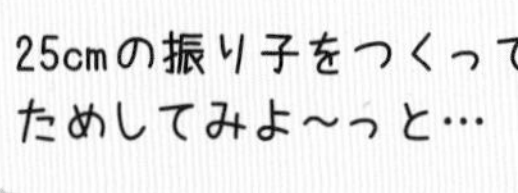

25cmの振り子をつくってためしてみよ～っと…

相似な図形

形は同じで大きさのちがう図形を相似な図形といいます。ここでは，相似な図形の性質や，それを利用した証明などを学習しましょう。

34 相似な図形

形が同じで大きさがちがう図形

形は同じで大きさがちがう図形を相似（そうじ）な図形といい，記号∽を使って表します。
右の図で，△ABC∽△DEFです。

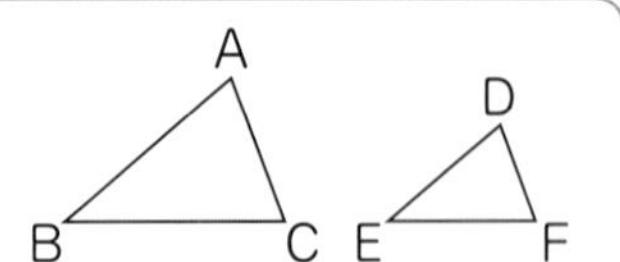

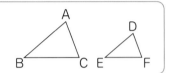

例1 右の図で，四角形ABCD∽四角形EFGHです。

(1) 頂点Aと対応する頂点はどれですか。
(2) ∠Fの大きさを求めましょう。
(3) 辺ABと辺EFの比を求めましょう。
(4) 辺BCの長さを求めましょう。

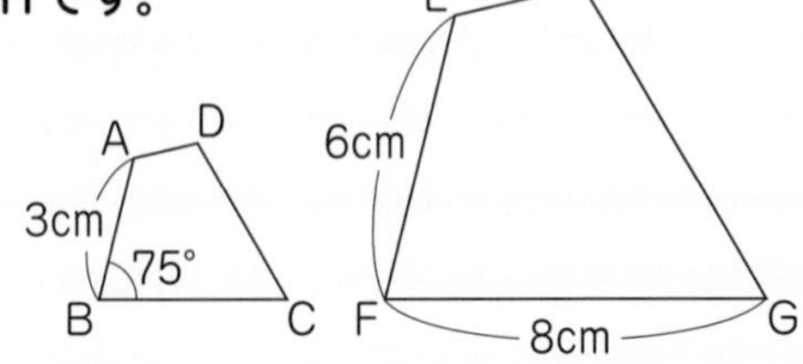

(1) 頂点Aと対応する頂点は，頂点 □

拡大，縮小させたときに重なり合う頂点です。

(2) ∠Fと対応する角は，∠ □ だから，

∠F= □°

相似な図形では，対応する角の大きさは等しくなります。

これがタイせつ

相似な図形の性質

・対応する線分の長さの比はすべて等しい。
・対応する角の大きさはそれぞれ等しい。

(3) AB：EF=3：6= □ ： □

できるだけ簡単な整数の比で表します。

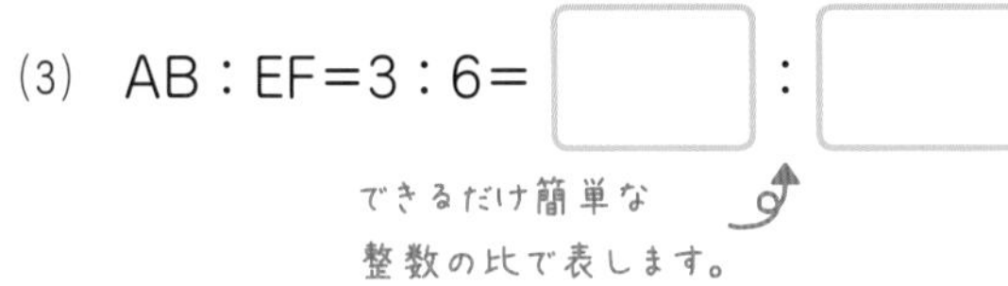

注 このように，相似な図形で対応する線分の長さの比を相似比（そうじひ）といいます。

(4) BC ： FG = 1 ： 2

(3)で求めた相似比

相似な図形の対応する線分の長さの比はすべて等しいことから考えます。

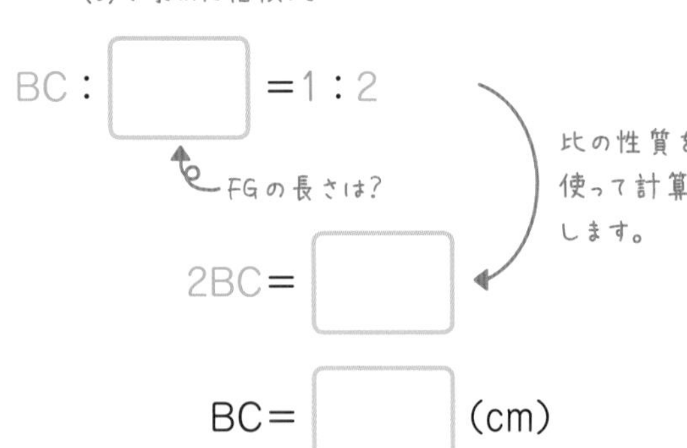

BC： □ =1：2

FGの長さは?

比の性質を使って計算します。

2BC= □

BC= □ (cm)

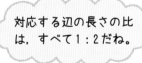

対応する辺の長さの比は，すべて1：2だね。

ふりカエル

比の性質

$a:b=c:d$ ならば，$ad=bc$

□ **相似な図形の性質**…対応する**線分の長さの比**はすべて等しい。
対応する**角の大きさ**はそれぞれ等しい。

練習問題

➡答えは別冊p.12

1 **右の図で，△ABC∽△DEFです。**

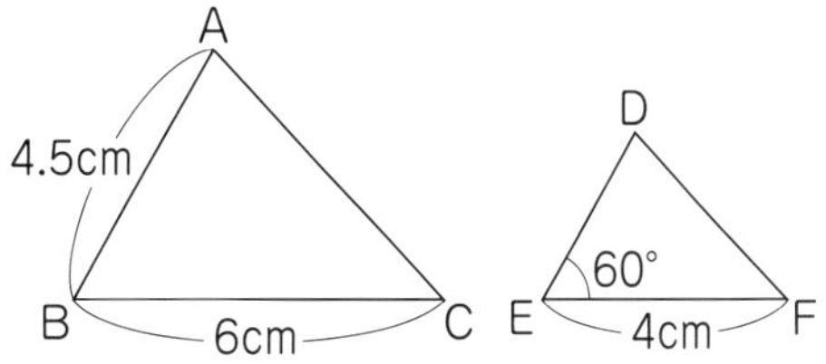

(1) 頂点Aと対応する頂点はどれですか。

(2) ∠Bの大きさを求めましょう。

(3) △ABCと△DEFの相似比を求めましょう。

(4) 辺DEの長さを求めましょう。

プラスワン　相似の位置

右の図の△ABCと△A′B′C′では，対応する頂点どうしを通る直線が，すべて1点Oに集まっています。また，点Oから対応する点までの距離の比がすべて等しくなっています。

OA：OA′=OB：OB′=OC：OC′=2：1

このとき，△ABCと△A′B′C′は，相似の位置にあるといい，点Oを相似の中心といいます。相似の位置にある2つの図形は相似です。

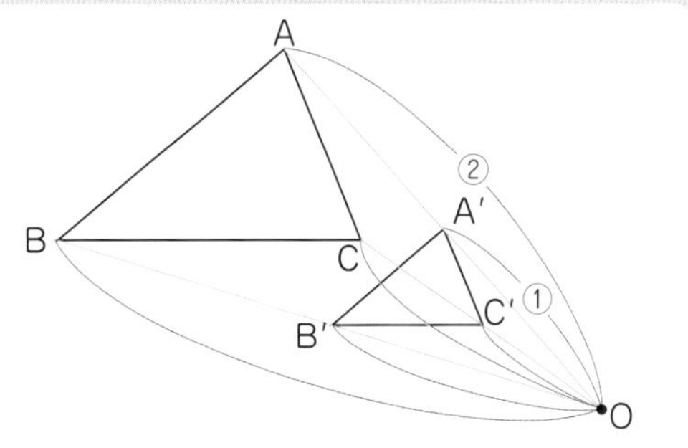

〈左ページ例の答え〉　例1 (1) E　(2) B，75　(3) 1，2　(4) 8，8，4

35 三角形の相似条件
三角形が相似になるのは？

三角形の合同条件と同じように，相似にも，**三角形の相似条件**があります。相似条件も3つあります。三角形の合同条件とよく似ているので，比較しながらちがいをおさえましょう。

例1 右の図で，相似な三角形はどれとどれですか。相似条件を示し，記号∽を使って表しましょう。

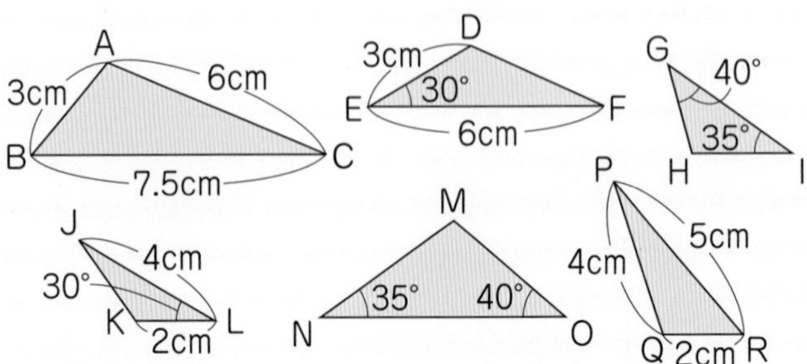

これがタイせつ

三角形の相似条件…次のどれかが成り立つ2つの三角形は相似です。

①**3組の辺の比**がすべて等しい。　②**2組の辺の比とその間の角**がそれぞれ等しい。　③**2組の角**がそれぞれ等しい。

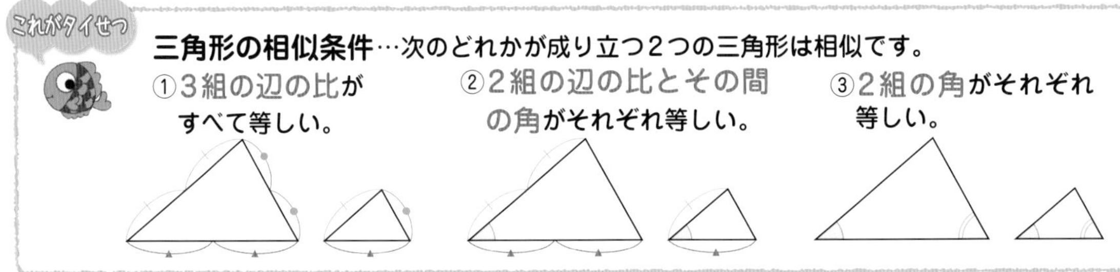

三角形の相似条件にあてはまれば相似です。

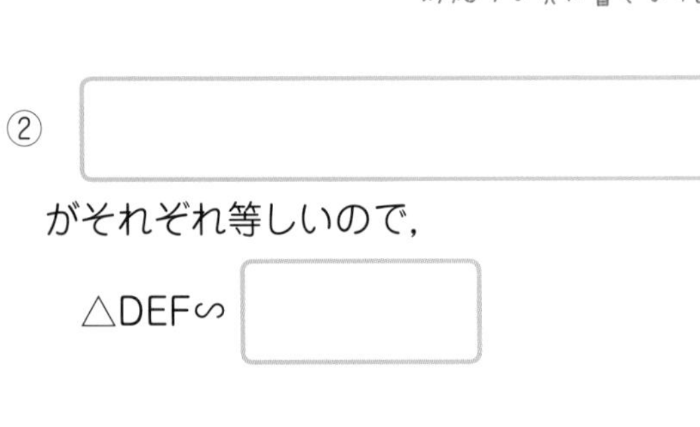

① [　　　] がすべて等しいので，

△ABC∽ [　　　]

対応する順に書きます。

② [　　　]

がそれぞれ等しいので，

△DEF∽ [　　　]

③ [　　　] がそれぞれ等しいので，

△GHI∽ [　　　]

① 回転させるとわかりやすくなります。

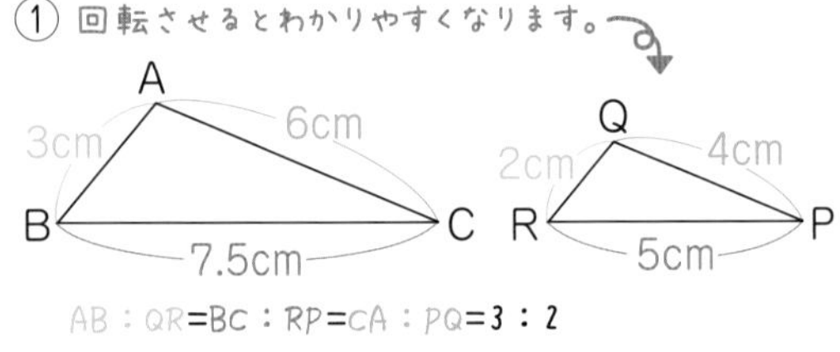

AB：QR=BC：RP=CA：PQ=3：2

②

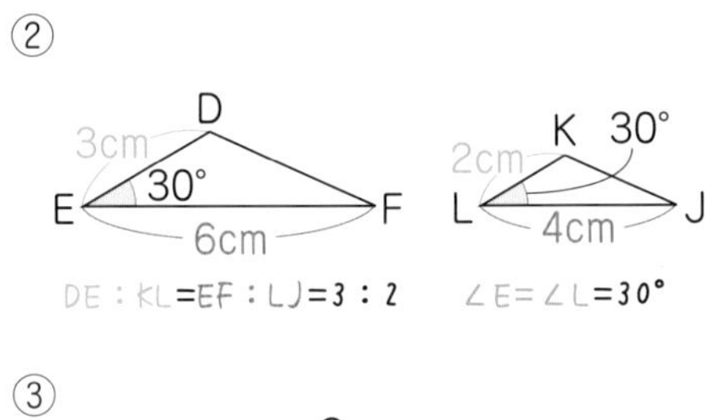

DE：KL=EF：LJ=3：2　∠E=∠L=30°

③

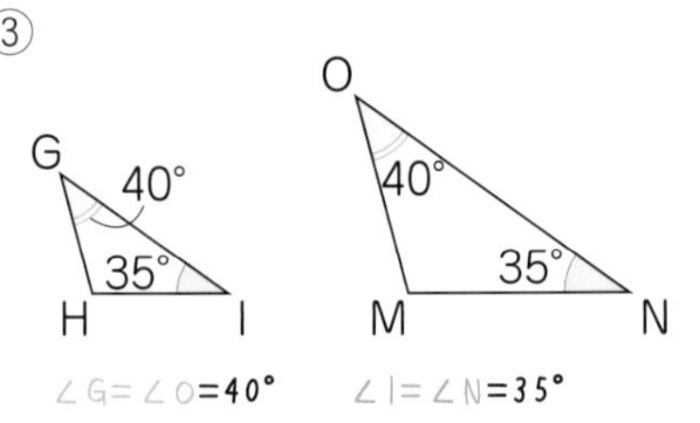

∠G=∠O=40°　∠I=∠N=35°

これダケは覚えよう！

□ **三角形の相似条件**…辺の比，角の大きさに注目。

①
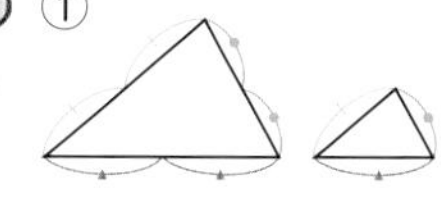
3組の辺の比がすべて等しい。

②
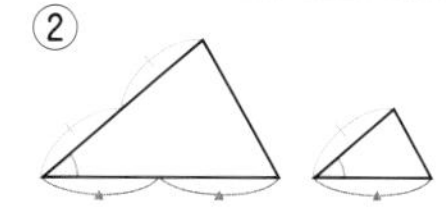
2組の辺の比とその間の角がそれぞれ等しい。

③
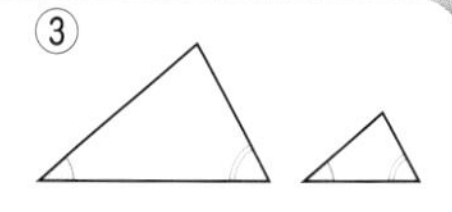
2組の角がそれぞれ等しい。

➡答えは別冊p.12

1 次の図で，相似な三角形はどれとどれですか。相似条件を示し，記号∽を使って表しましょう。

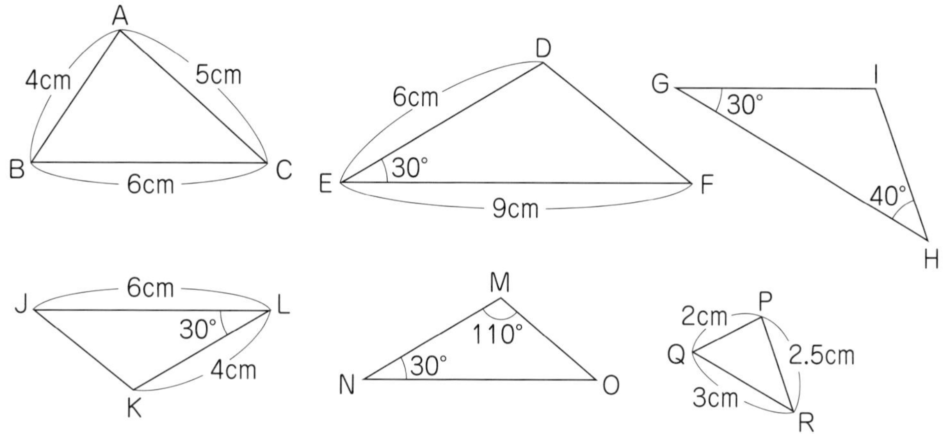

ミスに注意 三角形の合同条件と相似条件のちがいは…

三角形の合同条件，相似条件をまとめると，次のようになります。ちがいに注意しましょう。

三角形の相似条件	三角形の合同条件
① 3組の辺の比がすべて等しい。	① 3組の辺がそれぞれ等しい。
② 2組の辺の比とその間の角がそれぞれ等しい。	② 2組の辺とその間の角がそれぞれ等しい。
③ 2組の角がそれぞれ等しい。	③ 1組の辺とその両端の角がそれぞれ等しい。

相似条件の①，②はそれぞれ，「辺の比」となっただけで，合同条件とほぼ同じです。
相似条件の③は，辺の比は，1組だけでは比べられないので，2組の角のみ示します。

〈左ページ例の答え〉 例1 3組の辺の比，△QRP，2組の辺の比とその間の角，△KLJ，2組の角，△OMN

36 三角形の相似の証明
相似条件を使って証明しよう

三角形の相似の証明は，三角形の合同の証明と同じように考えます。2つの三角形で，わかっている辺の長さや等しい角などを図にかき入れ，どの相似条件にあてはまるかを考えましょう。

例1 右の図で，∠BCA＝∠BDEです。このとき，△ABC∽△EBDとなることを証明しましょう。

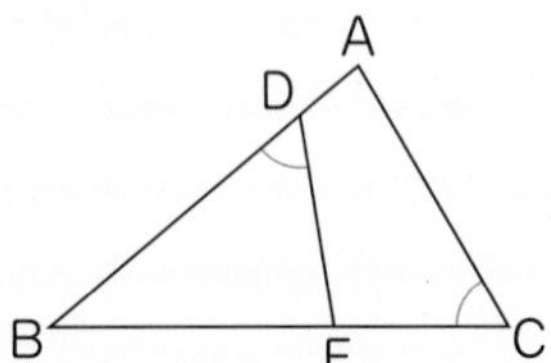

（証明）△ABCと［　　］において，

まず相似を証明する三角形を書きます。

仮定より，

根拠を書きましょう。

∠BCA＝［　　］…①

共通な角だから，

重なっている角です。

∠B＝［　　］…②

等しい角に注目します。

①，②より，［　　］がそれぞれ等しいので，

①，②からいえる三角形の相似条件は？

△ABC∽［　　］

△EBDを図形から取り出して，△ABCと向きをそろえて考えるとわかりやすくなります。

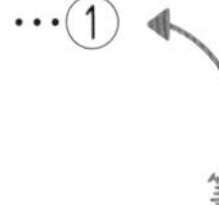

対応する順に書くことに注意しよう。

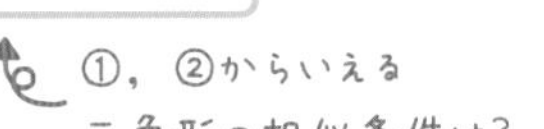

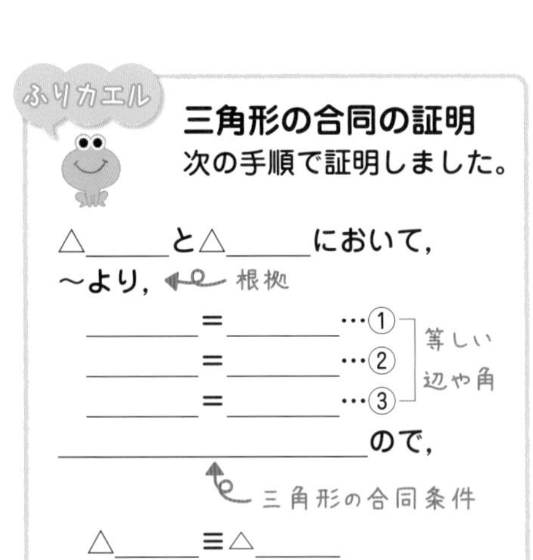

ふりカエル

三角形の合同の証明
次の手順で証明しました。

△＿＿と△＿＿において，
～より，← 根拠
＿＿＝＿＿…①
＿＿＝＿＿…②　等しい辺や角
＿＿＝＿＿…③
＿＿＿＿＿＿＿ので，
← 三角形の合同条件
△＿＿≡△＿＿

等しい辺の比や角度に注目すべし
これは…暗号文!!

これダケは覚えよう！

□ **三角形の相似の証明**…仮定や定理から，**辺の長さの比，等しい角に注目**し，どの相似条件にあてはまるか考える。

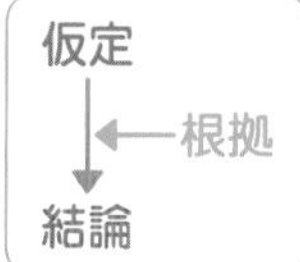

➡答えは別冊p.12

1 右の図で，直角三角形ABCの頂点Aから辺BCに垂線ADをひくと，△ABC∽△DBAとなります。㋐～㋕をうめて，このことを証明しましょう。

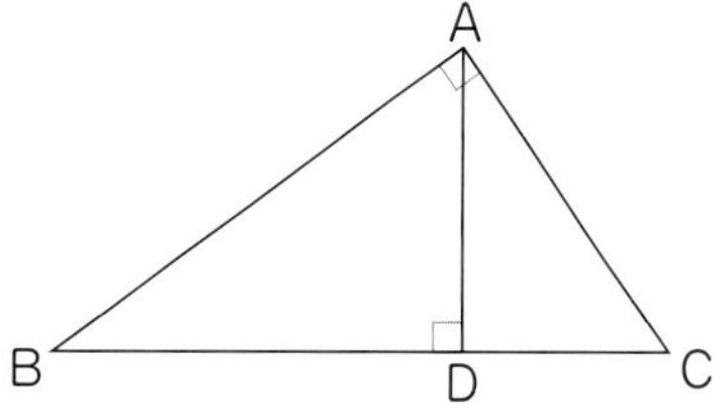

（証明） △ABCと（㋐　　　　　）において，

仮定より，

（㋑　　　　　）＝（㋒　　　　　）＝90°　…①

共通な角だから，

（㋓　　　　　）　…②

①，②より，（㋔　　　　　）がそれぞれ等しいので，

（㋕　　　　　）

辺の長さの比を利用する証明

例　下の図で，点OをACとBDの交点とするとき，△ABO∽△CDOとなることを証明しましょう。

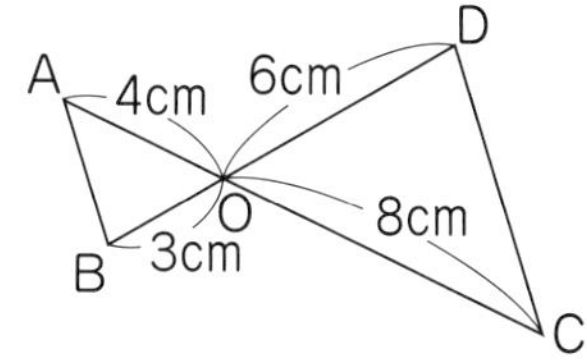

（証明） △ABOと△CDOおいて，

仮定より，AO：CO＝4：8＝1：2　…①

BO：DO＝3：6＝1：2　…②

比が等しいことを示します。

対頂角は等しいから，∠AOB＝∠COD　…③

①，②，③から，2組の辺の比とその間の角がそれぞれ等しいから，

△ABO∽△CDO

相似条件を示します。

〈左ページ例の答え〉 例1 △EBD，∠BDE，∠B，2組の角，△EBD

三角形と線分の比

比を使って長さを求めよう

右の図でDE∥BCのとき，∠ADE＝∠ABC，∠AED＝∠ACB（同位角は等しい）より，△ADE∽△ABCとなります。
ここから，三角形と線分の比の性質が成り立ちます。

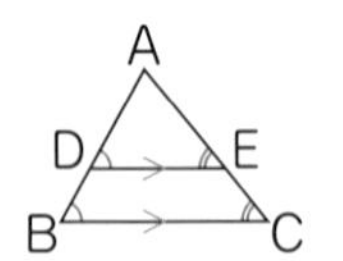

例1　下の図で，DE∥BCのとき，x，yの値を求めましょう。

(1)

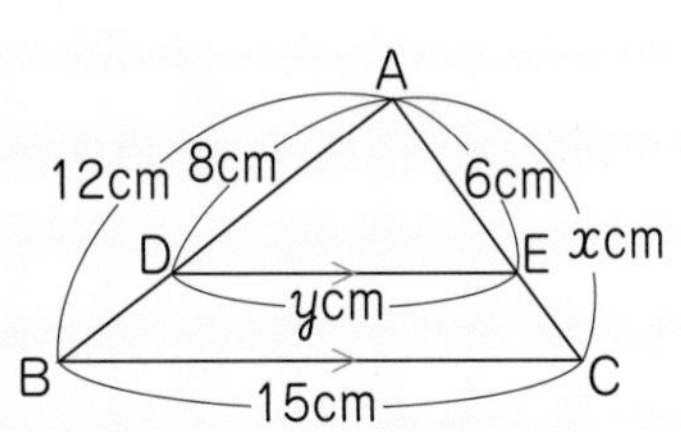

(2)

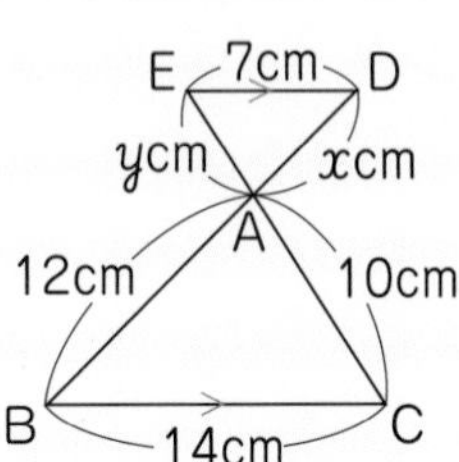

三角形と線分の比

△ABCで，AB，AC上の点をそれぞれD，Eとするとき，

① DE∥BC ならば AD：AB＝AE：AC＝DE：BC

② AD：AB＝AE：AC ならば DE∥BC

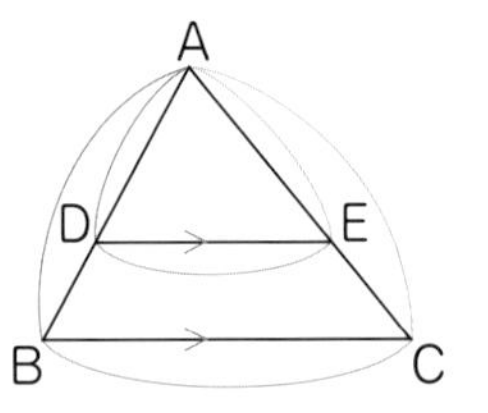

(1) $8:12=$ □ $:x$
AD：AB=AE：AC

$8x=$ □

$x=$ □

$8:12=y:$ □
AD：AB=DE：BC

□ $=12y$

$y=$ □

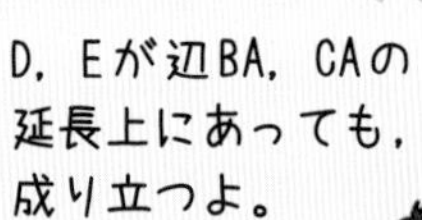

D，Eが辺BA，CAの
延長上にあっても，
成り立つよ。

(2) $x:12=$ □ $:14$

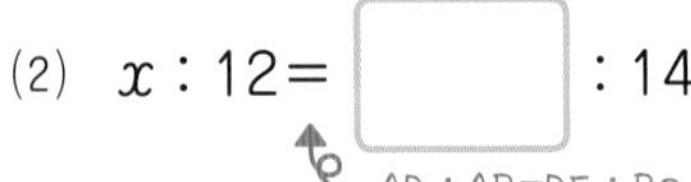

$14x=$ □

$x=$ □

$y:10=7:$ □

□ $y=70$

$y=$ □

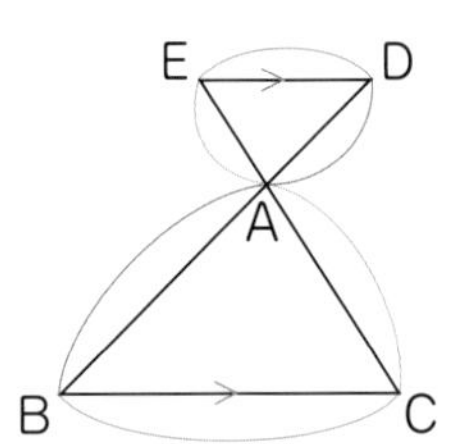

□ **三角形と線分の比**…DE∥BC ならば AD：AB＝AE：AC＝DE：BC

AD：AB＝AE：AC ならば **DE∥BC**

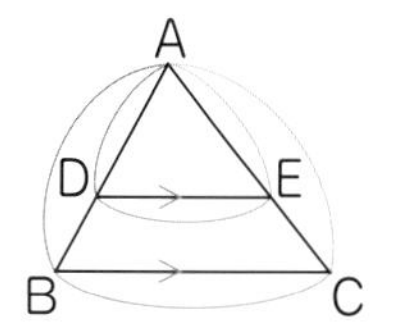

練習問題

➡答えは別冊p.12

 下の図で，DE∥BCのとき，x，yの値を求めましょう。

(1)

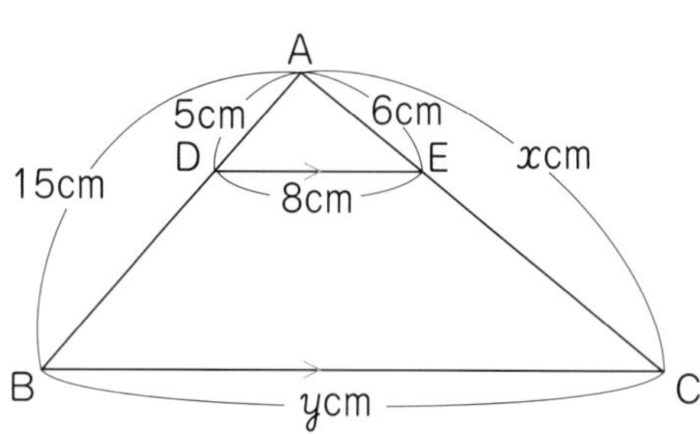

(2)

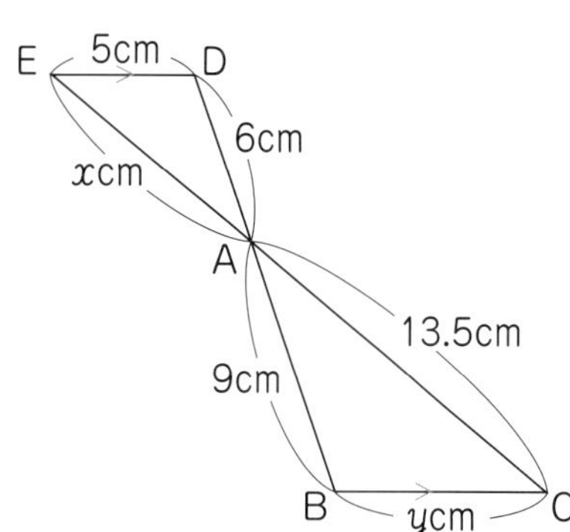

そのほかによく使われる定理

右の図で，△ABCの辺AB，AC上の点をそれぞれD，Eとするとき，次の定理も成り立ちます。

① DE∥BC ならば
AD：DB＝AE：EC

② AD：DB＝AE：EC ならば
DE∥BC

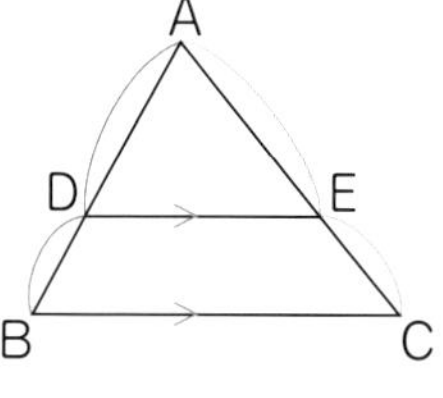

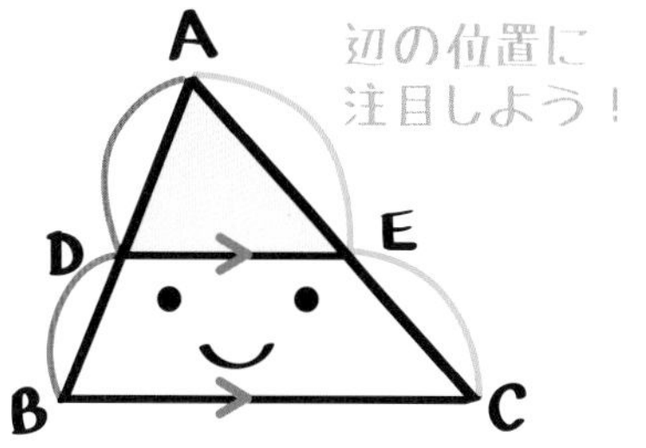

〈左ページ例の答え〉 例1 (1) 6，72，9，15，120，10 (2) 7，84，6，14，14，5

38 中点連結定理
中点を結ぶと？

△ABCで，2辺AB，ACの中点をそれぞれM，Nとすると，

MN∥BC，MN＝$\frac{1}{2}$BCが成り立ちます（中点連結定理）。

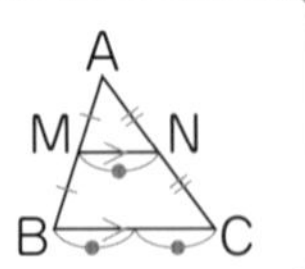

例1 右の図の台形ABCDで，辺AB，AC，DCの中点をそれぞれE，F，Gとします。

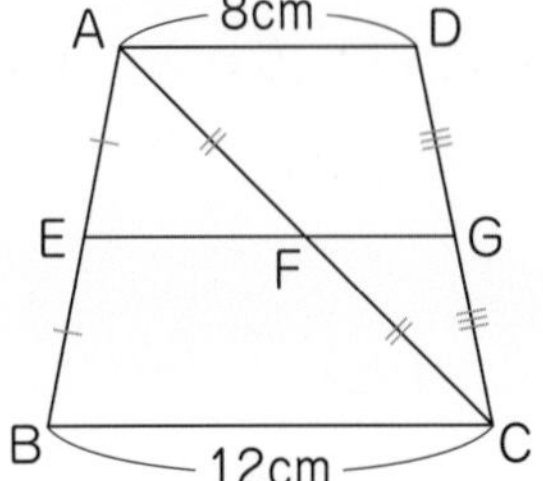

(1) 辺EFの長さを求めましょう。
(2) 辺EFとBCの位置関係を，記号を使って表しましょう。
(3) 辺FGの長さを求めましょう。

(1) △ABCで，点E，Fはそれぞれ辺AB，ACの中点なので，中点連結定理が成り立ちます。

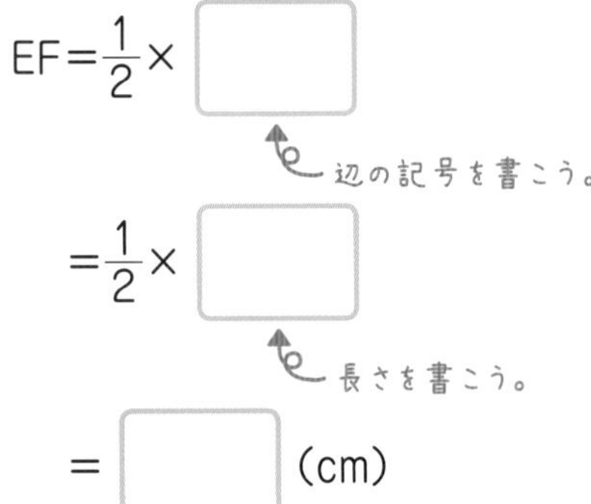

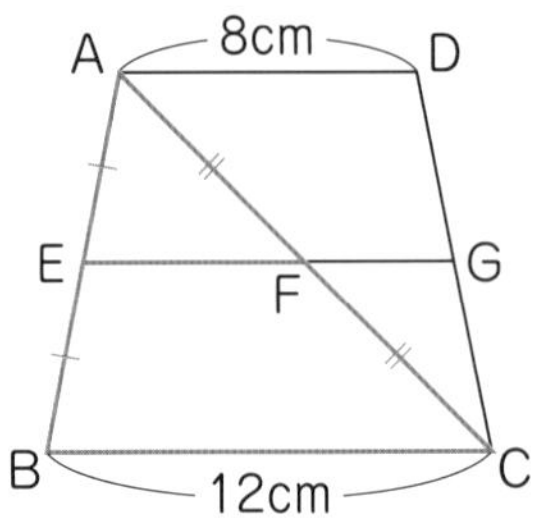

(2) △ABCで中点連結定理より，EF　BC

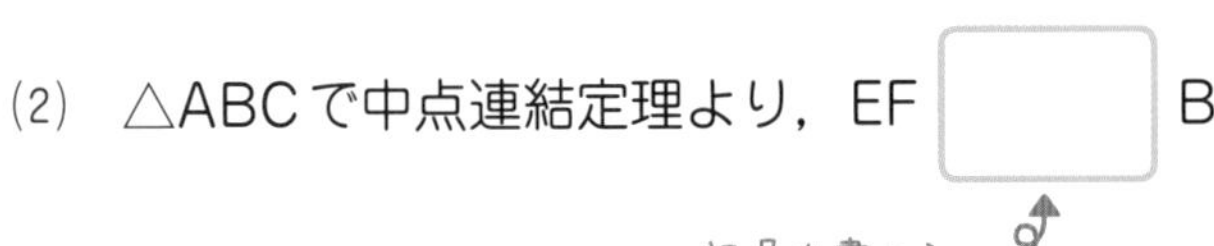

(3) △CDAで，点G，Fはそれぞれ辺CD，CAの中点なので，中点連結定理が成り立ちます。

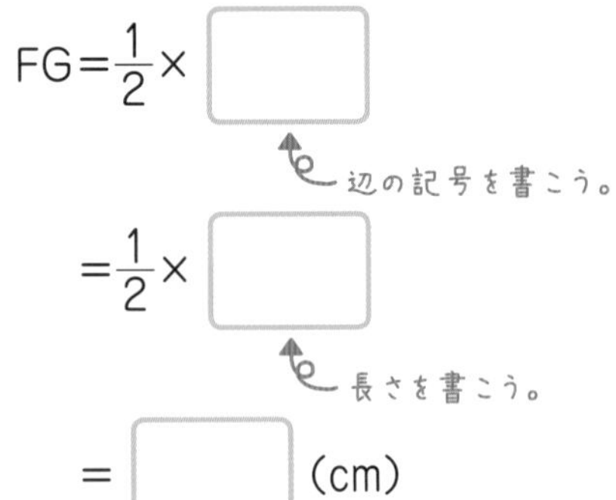

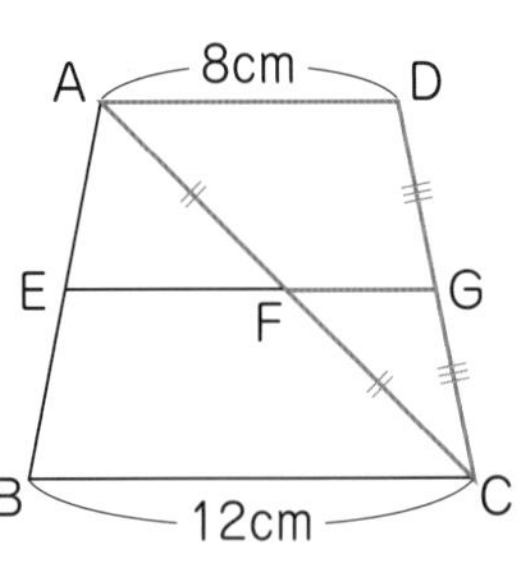

これダケは覚えよう！

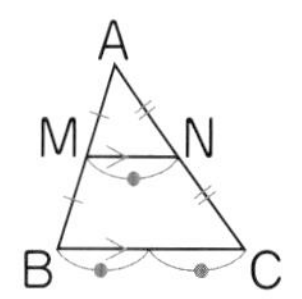

□ **中点連結定理**…△ABCで，2辺AB，ACの中点をそれぞれM，Nとすると，
MN//BC，MN＝$\frac{1}{2}$BC

➡答えは別冊p.13

1 **右の図の△ABCで，点D，E，Fはそれぞれ辺AB，BC，CAの中点です。**

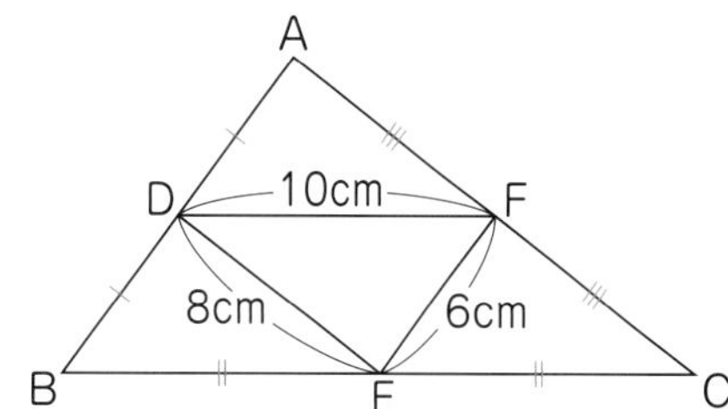

(1) △ABCの周の長さを求めましょう。

(2) 平行な辺の組を，記号//を使ってすべて答えましょう。

プラスワン どうして中点連結定理が成り立つの？

中点連結定理が成り立つ理由は，p.94の「三角形と線分の比」の定理を使って説明できます。
下の図で，辺AB，ACの中点をそれぞれD，Eとすると，
AD：AB＝AE：AC＝1：2
したがって，DE//BC
また，DE//BCより，
DE：BC＝AD：AB＝1：2
したがって，DE＝$\frac{1}{2}$BC

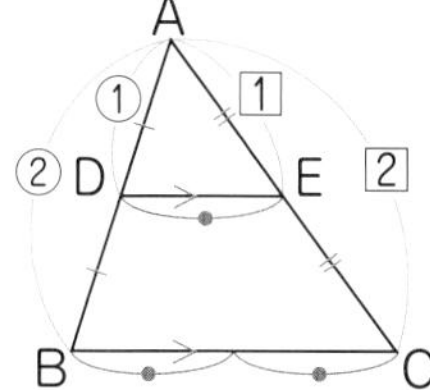

〈左ページ例の答え〉 例1 (1) BC，12，6 (2) // (3) AD，8，4

相似な図形の面積比，体積比

面積，体積を比べよう

相似な2つの図形で，相似比が $m:n$ のとき，面積比は $m^2:n^2$ となります。➡例①
また，相似な2つの立体で，相似比が $m:n$ のとき，表面積の比は $m^2:n^2$，体積比は $m^3:n^3$ となります。➡例②

例① 相似比が2：1の△ABCと△DEFがあります。

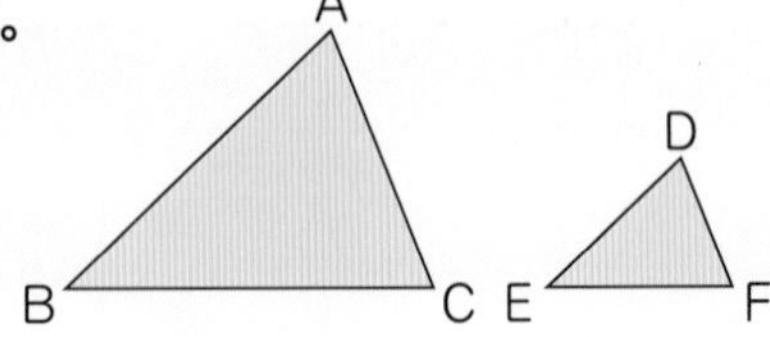

(1)　△ABCと△DEFの面積比を求めましょう。

(2)　△ABCの面積が24cm²のとき，△DEFの面積を求めましょう。

(1)　面積比は，$\square^2:\square^2=\square:\square$

相似比の2乗です。

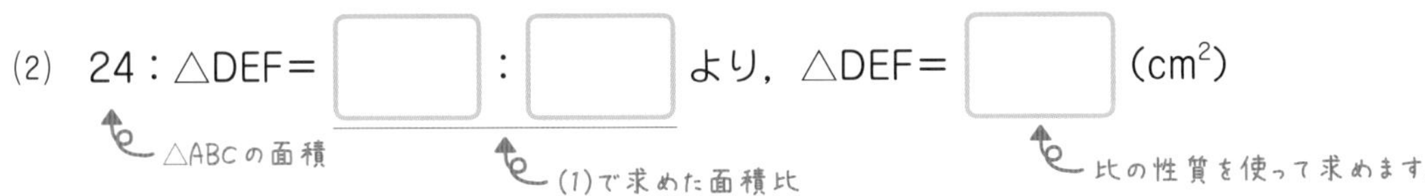

(2)　24：△DEF＝□：□　より，△DEF＝□　(cm²)

△ABCの面積　(1)で求めた面積比　比の性質を使って求めます。

例② 相似比が4：3の三角錐(さんかくすい)PとQがあります。

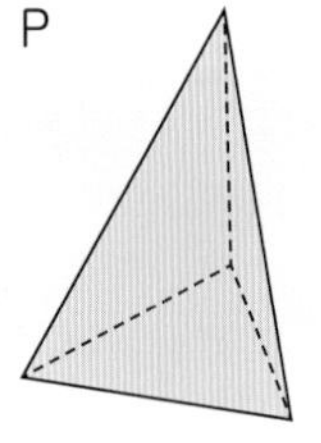

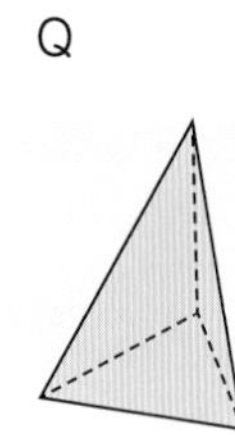

(1)　PとQの表面積の比と体積比を求めましょう。

(2)　Pの体積が128cm³のとき，Qの体積を求めましょう。

(1)　表面積の比は，$\square^2:\square^2=\square:\square$

相似比の2乗です。

体積比は，$\square^3:\square^3=\square:\square$

相似比の3乗です。

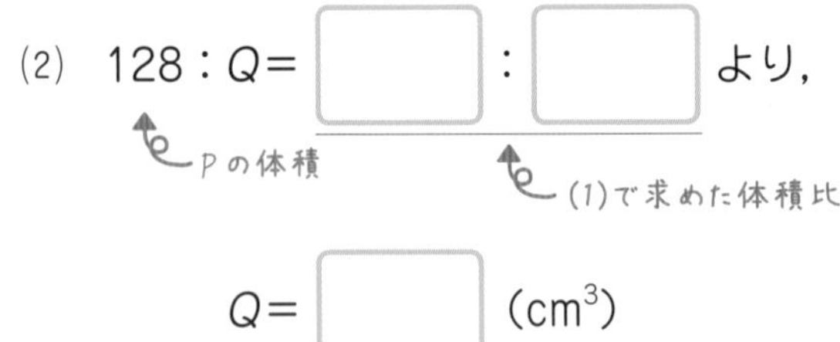

(2)　128：Q＝□：□　より，

Pの体積　(1)で求めた体積比

表面積の比は2乗，
体積比は3乗だよ。

Q＝□　(cm³)

□ **面積比**…相似比が $m:n$ のとき，面積比は $m^2:n^2$

□ **表面積の比，体積比**…相似比が $m:n$ のとき，表面積の比は $m^2:n^2$，体積比は $m^3:n^3$

練習問題

➡答えは別冊p.13

1　相似比が3：2の四角形ABCDと四角形EFGHがあります。

(1)　四角形ABCDと四角形EFGHの面積比を求めましょう。

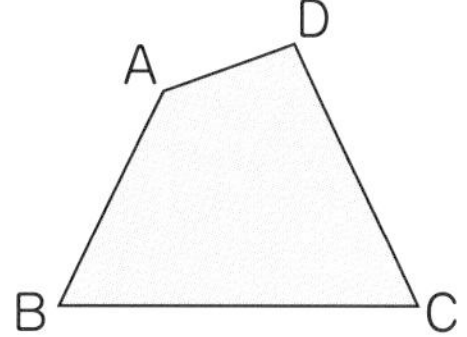

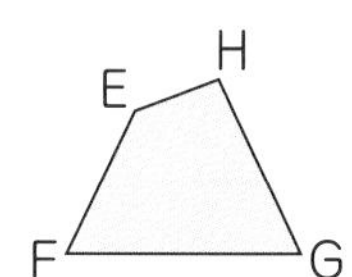

(2)　四角形ABCDの面積が54cm^{2}のとき，四角形EFGHの面積を求めましょう。

2　相似比が4：1の円錐PとQがあります。

(1)　PとQの表面積の比と体積比を求めましょう。

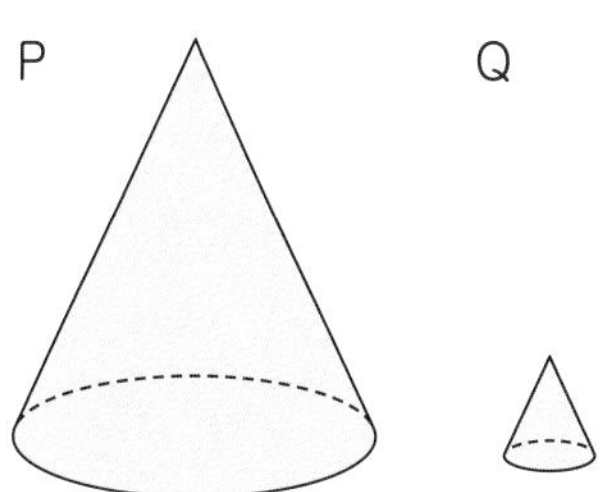

(2)　Qの体積が30πcm^{3}のとき，Pの体積を求めましょう。

円や球でも成り立ちます

円や球も相似な図形ですので，面積比，体積比を同じように求めることができます。

例　半径3cmと5cmの円の面積比を求めましょう。
➡円の相似比は，半径の比と等しいので3：5
面積比は，$3^2:5^2=9:25$

例　半径3cmと5cmの球の体積比を求めましょう。
➡球の相似比は，半径の比と等しいので3：5
体積比は，$3^3:5^3=27:125$

〈左ページ例の答え〉 例1 (1) 2，1，4，1　(2) 4，1，6
例2 (1) 4，3，16，9，4，3，64，27　(2) 64，27，54

勉強した日　月　日　得点　／100点

➡答えは別冊p.13

1・2➡34～36　3➡37　4➡38　5➡39

1 次の図で，相似な三角形を記号∽を使って表しなさい。また，そのときの相似条件も答えなさい。　5点×4(20点)

(1) DE∥BC

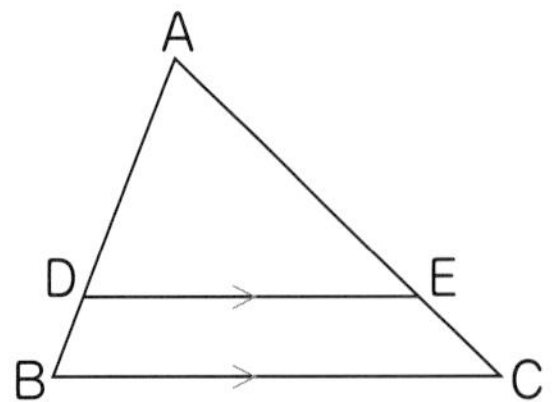

(2)

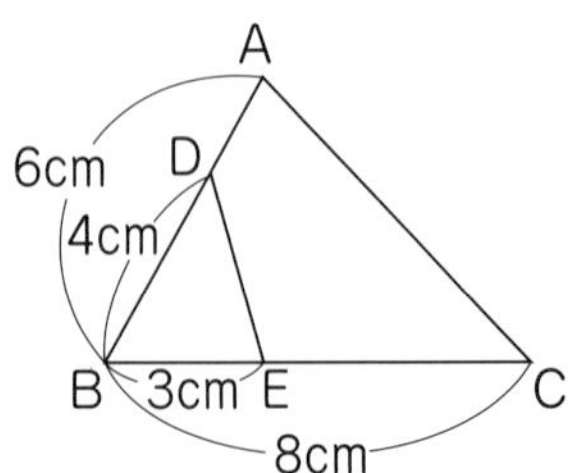

相似な三角形（　　　　）　相似な三角形（　　　　）

相似条件（　　　　）　相似条件（　　　　）

2 右の図で，∠ACB＝∠ADEです。　6点×5(30点)

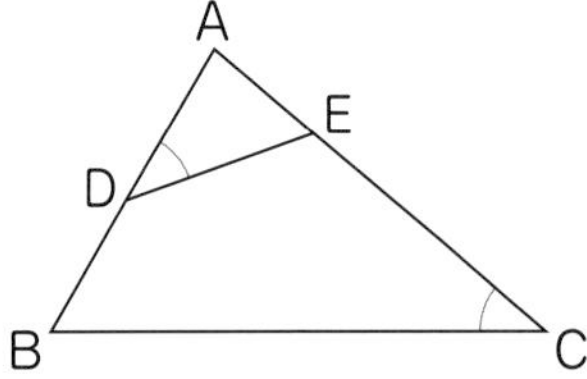

(1) △ABCと△AEDが相似であることを，次のように証明しました。㋐～㋓をうめなさい。

（証明） △ABCと△AEDにおいて，
仮定より，
∠ACB＝（㋐　　　　）…①
（㋑　　　　）な角だから，
∠A＝（㋒　　　　）…②
①，②より，（㋓　　　　）がそれぞれ等しいので，
△ABC∽△AED

(2) AB＝13cm，BC＝20cm，DE＝8cmのとき，AEの長さを求めなさい。

（　　　　）

3 右の図で，DE//FG//BCのとき，x，yの値を求めなさい。　10点×2(20点)

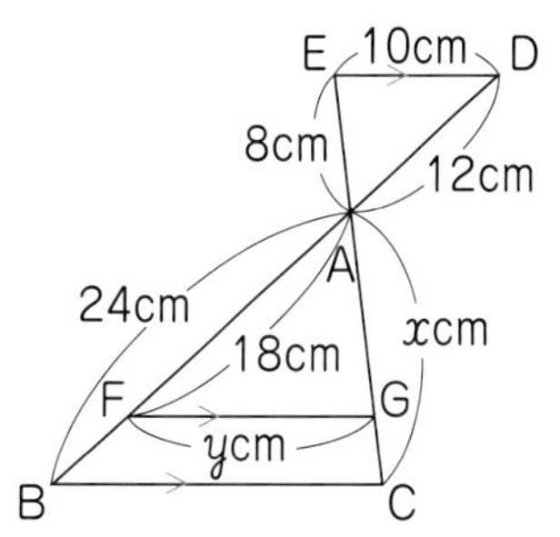

(　　　　　　)
(　　　　　　)

4 右の図で，点D，E，Fはそれぞれ辺AB，BC，CAの中点です。　10点×2(20点)

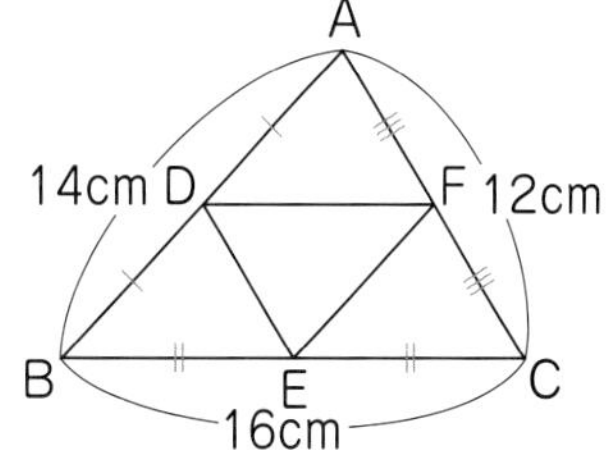

(1)　△DEFの周の長さを求めなさい。

(　　　　　　)

(2)　△ADFと合同な三角形をすべて答えなさい。

(　　　　　　)

5 右の図のような，底面の半径が3cm，高さが4cmの円錐Pを，底面からの高さが2cmのところで，底面と平行に切断しました。上の部分の立体Qと，下の部分の立体Rの体積比を求めなさい。　(10点)

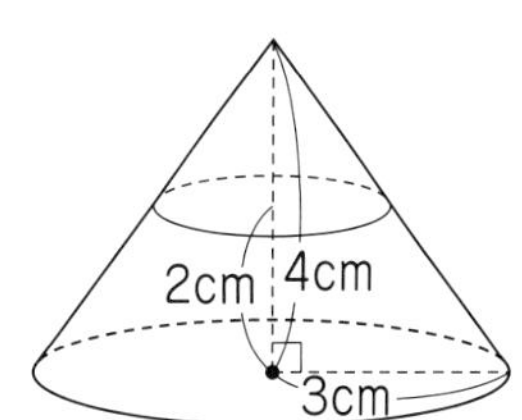

(　　　　　　)

レベルUP　平行線と比の性質

下の図のように，平行な3つの直線 ℓ，m，n に2つの直線が交わるとき，

AB：BC＝A′B′：B′C′

となります。

(証明)　図のように点Aを通り，A′C′に平行な直線をひくと，四角形ADB′A′，DEC′B′は平行四辺形になるので，

AD＝A′B′，DE＝B′C′

平行線と比の性質より，

AB：BC＝AD：DE

＝A′B′：B′C′

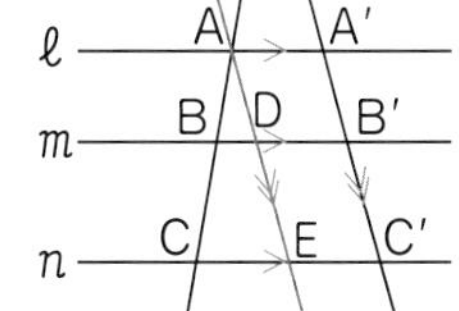

読ん得コラム 特集 相似を利用してビルの高さを求めよう!!

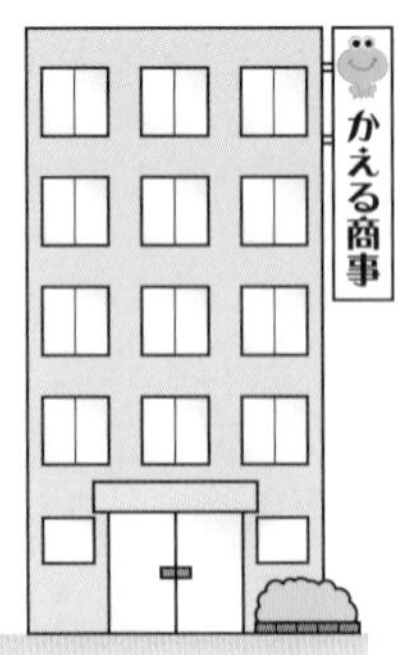

右のような高いビルの高さを簡単に求めるにはどうしたらよいでしょう。

う～ん… どうしたらいいの？

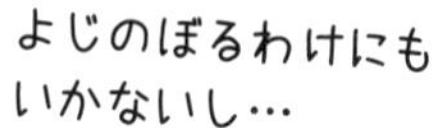

よじのぼるわけにもいかないし…

実は相似を利用すると簡単な計算で求められるのです。

相似はすごいのです!!

相似を利用して求めよう

高いビルなどの高さを実際に測るのはたいへんですが，水平方向の距離や角度は比較的簡単に測れます。

右のように，ビルから18m離れて屋上を見上げると，角度が50°でした。

このとき，右下のような縮小した相似な三角形をかいて，その辺の長さを測り，比の関係からビルの高さを計算します。

ビルの高さをxmとすると，

$3 : 18 = 3.5 : x$

縮小した三角形の辺の長さは3.5cmです。

$3x = 63$ ← $a : b = c : d$ ならば $ad = bc$

$x = 21$

答 およそ21m

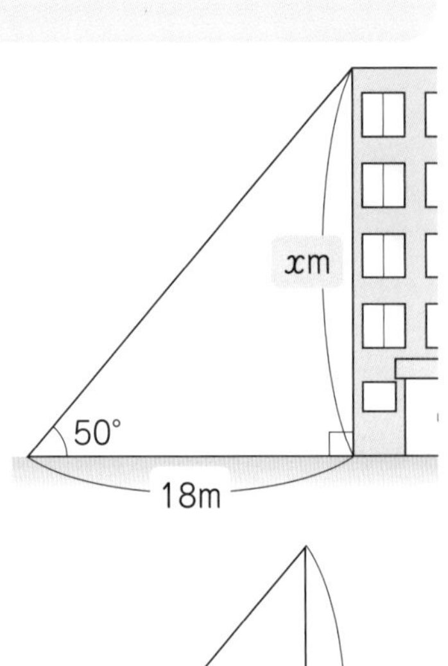

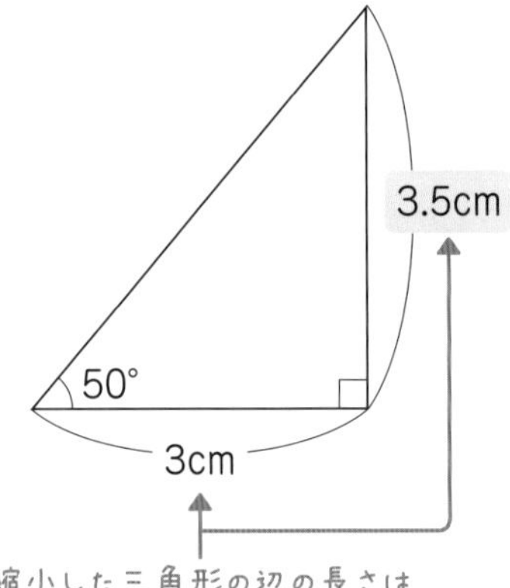

縮小した三角形の辺の長さは測ることができます。

学校の校舎や，家の高さも求めてみよ～っと!!

三平方の定理

直角三角形の３辺には，三平方の定理という特別な関係が成り立ちます。ここでは，三平方の定理を使って，図形の辺の長さなどを求めましょう。

❶
ここでは，直角三角形の辺について成り立つ性質を学習するよ。
直角
直角三角形かぁ…

❷
直角三角形の３辺にはこのような関係があって，三平方の定理っていうよ。
三平方の定理
$a^2+b^2=c^2$
c
b
a

❸
斜辺以外の辺を2乗してたすと，斜辺の２乗になるんだね。
アッ!!

❹
キラン
フッフッフッ!!
２乗と聞いて，とりあえず参上(３乗)したぜ!!
急だとつらい…
けっこう利用してるね…
その服まだ持っていたの…

三平方の定理

直角三角形の辺の関係

直角三角形の直角をはさむ2辺の長さをa，b，斜辺の長さをcとするとき，$a^2+b^2=c^2$の関係が成り立ちます。
この定理を三平方(さんへいほう)の定理といいます。

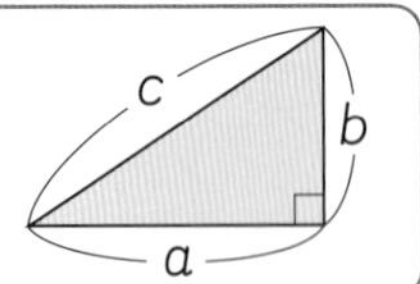

例1 下の図の直角三角形で，xの値を求めましょう。

(1)

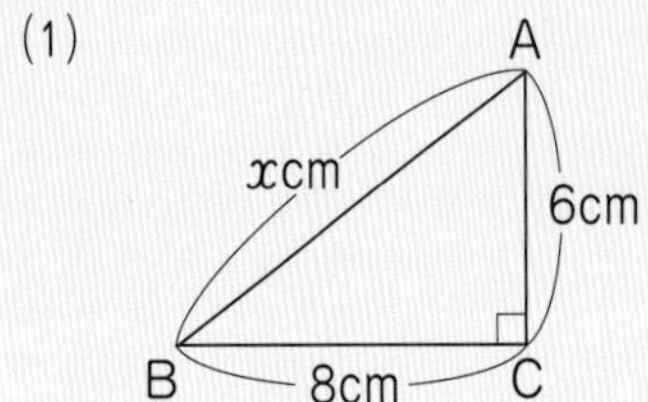

(2)

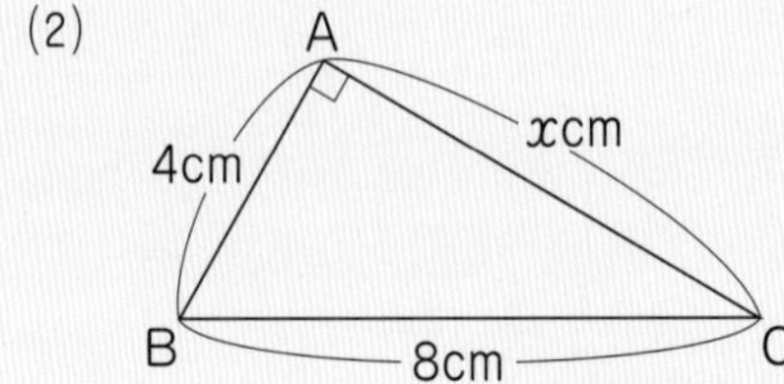

(1)　直角三角形ABCで，$BC^2+AC^2=AB^2$より，

斜辺が右辺にきます。

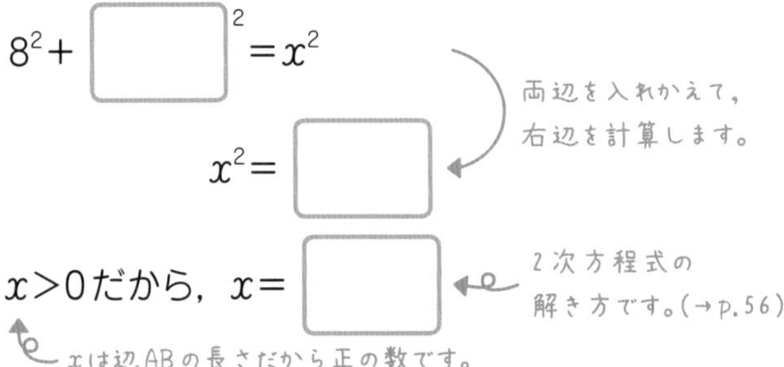

$8^2+\square^2=x^2$

両辺を入れかえて，右辺を計算します。

$x^2=\square$

$x>0$だから，$x=\square$

2次方程式の解き方です。（→p.56）

xは辺ABの長さだから正の数です。

ふりカエル
斜辺
直角に対する辺
斜辺

斜辺がCだよ!!

式 $a^2+b^2=c^2$

(2)　直角三角形ABCで，$AB^2+AC^2=BC^2$より，

ここが斜辺です。

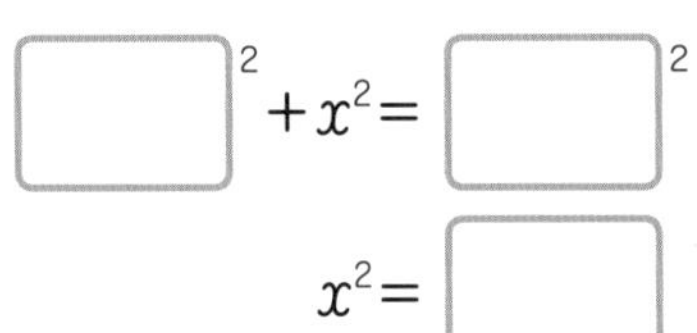

$\square^2+x^2=\square^2$

$x^2=\square$

$x>0$だから，

$x=\square$

$=\square$

√の中をできるだけ小さい自然数にします。（→p.40）

$x^2=$■の解は2つあるけど，ここではxが長さを表すから，正の数だけが答えだよ。

これダケは覚えよう！

□ **三平方の定理**…直角三角形の直角をはさむ2辺の長さをa，b，斜辺の長さをcとするとき，$a^2+b^2=c^2$となる。

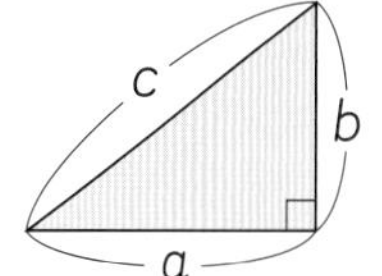

➡答えは別冊p.14

1 下の図の直角三角形で，xの値を求めましょう。

(1)

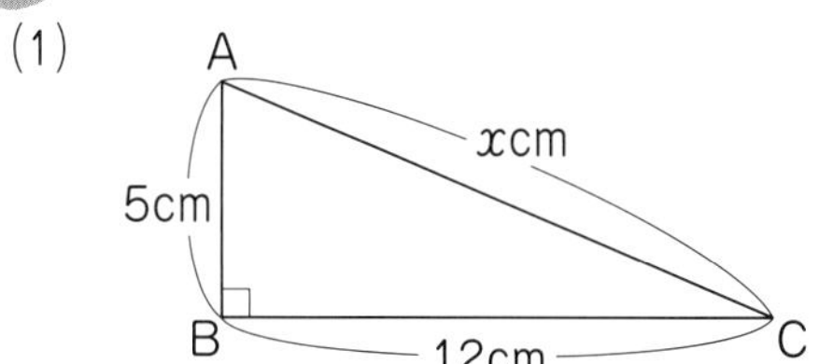

(2)

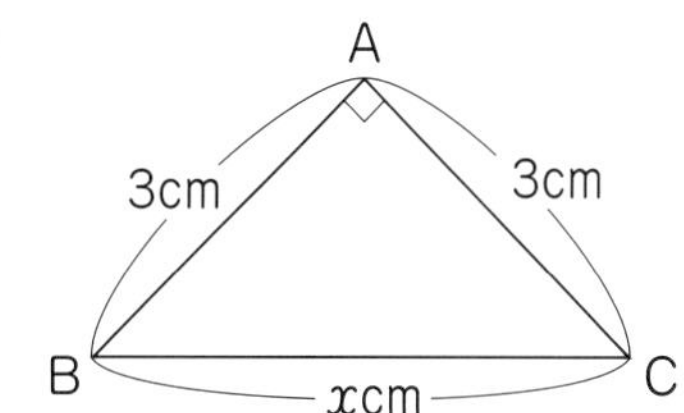

(3)

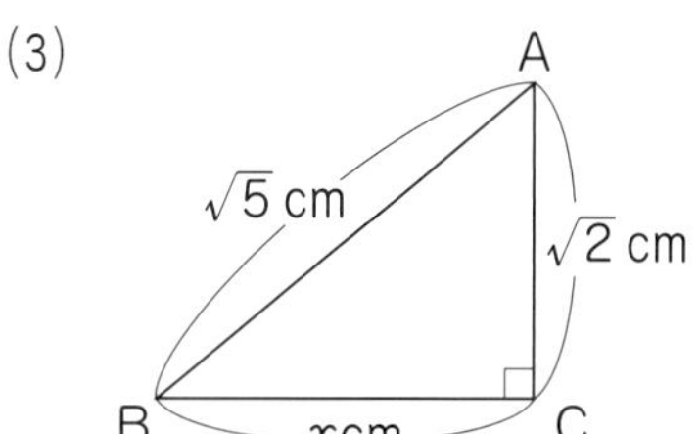

(4)

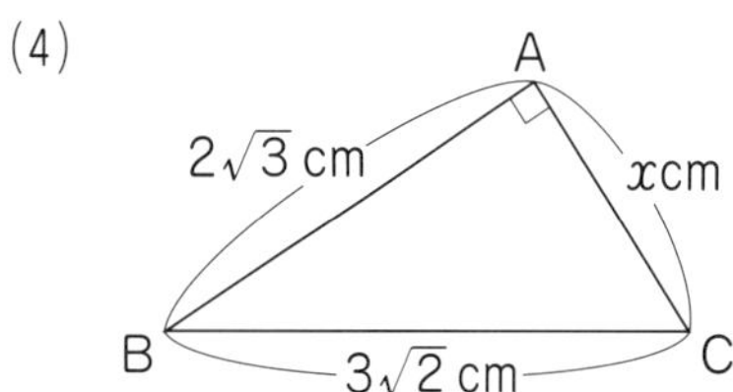

プラスワン　三平方の定理はどうして成り立つの？

三平方の定理の証明の方法はいくつかありますが，そのうちの1つを紹介します。右の図のように，直角三角形ABCと合同な三角形を4つ組み合わせると，正方形FHCDと正方形AEGBができます。

c^2＝(正方形AEGBの面積)
　＝(正方形FHCDの面積)－(△ABCの面積)×4
　$=(a+b)^2-\frac{1}{2}\times a\times b\times 4$
　$=a^2+2ab+b^2-2ab$
　$=a^2+b^2$

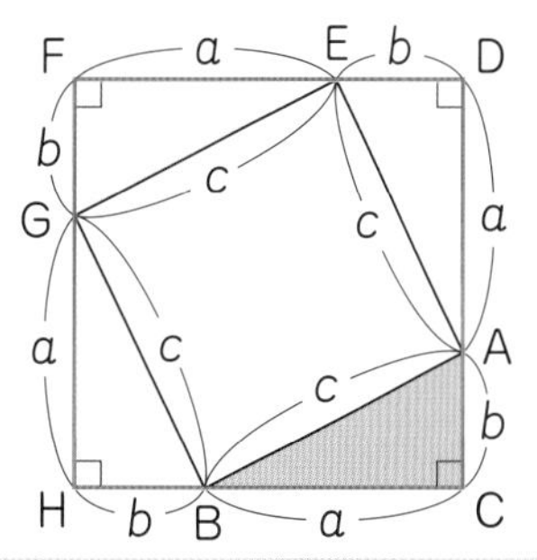

〈左ページ例の答え〉 例① (1) 6，100，10　(2) 4，8，48，$\sqrt{48}$，$4\sqrt{3}$

41 三平方の定理の逆
直角三角形を見つけよう

三角形の3辺の長さ a，b，c に $a^2+b^2=c^2$ という関係が成り立てば，その三角形は，長さ c の辺を斜辺とする直角三角形です。これを三平方の定理の逆といいます。

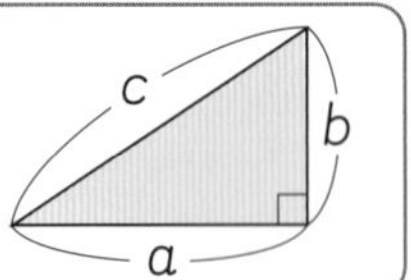

例1 次の長さを3辺とする三角形は，直角三角形といえますか。

(1)　4cm，5cm，6cm　　　(2)　$\sqrt{7}$cm，2cm，$\sqrt{3}$cm

(1)　$a=4$，$b=5$，$c=6$ とすると，

いちばん長い辺を c とします。

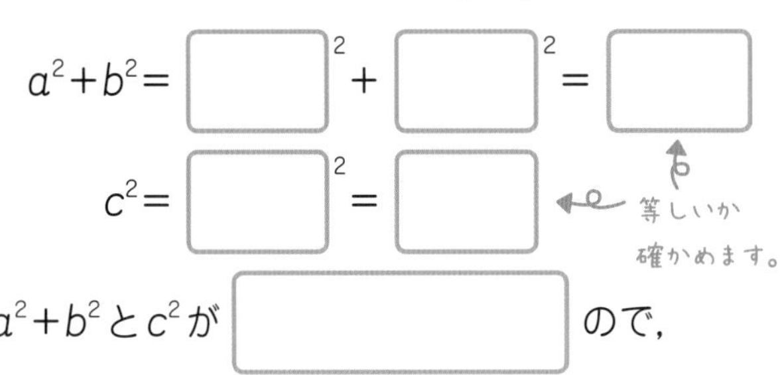

$a^2+b^2=$ □^{2} + □^{2} = □

$c^2=$ □^{2} = □

等しいか確かめます。

a^2+b^2 と c^2 が □ ので，

「等しい」？「等しくない」？

この三角形は直角三角形と □ 。

「いえます」？「いえません」？

逆
仮定と結論を入れかえたもの。

●●● ならば ■■■
↓逆
■■■ ならば ●●●

これがタイせつ

直角三角形の見つけ方
いちばん長い辺を c，その他の辺を a，b として，
$a^2+b^2=c^2$
が成り立つか調べる。

(2)　$a=2$，$b=\sqrt{3}$，$c=\sqrt{7}$ とすると，

2乗して比べると，$\sqrt{7}$ がもっとも長いことがわかります。(→p.36)

$a^2+b^2=$ □^{2} + (□)^2 = □

$c^2=$ (□)^2 = □

a^2+b^2 と c^2 が □ ので，

「等しい」？「等しくない」？

この三角形は直角三角形と □ 。

「いえます」？「いえません」？

これダケは覚えよう！

□ **三平方の定理の逆**…三角形の3辺に$a^2+b^2=c^2$という関係が成り立てば，その三角形は，**cの辺を斜辺**とする**直角三角形**である。

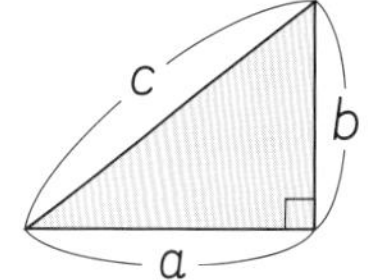

➡答えは別冊p.14

1 次の長さを3辺とする三角形は，直角三角形といえますか。

(1) 4cm，4cm，7cm

(2) 9cm，12cm，15cm

(3) $3\sqrt{3}$cm，3cm，6cm

(4) 2cm，5cm，$2\sqrt{5}$cm

プラスワン　3つの辺が整数になる直角三角形

3つの辺の長さが整数で$a^2+b^2=c^2$の関係が成り立つ三角形はいくつかあります。
よく使われるので覚えておくと便利です。

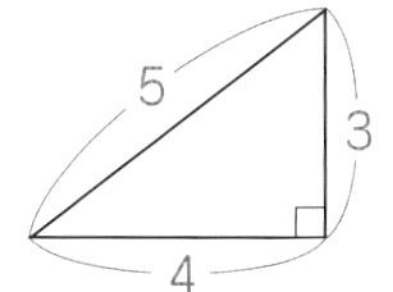

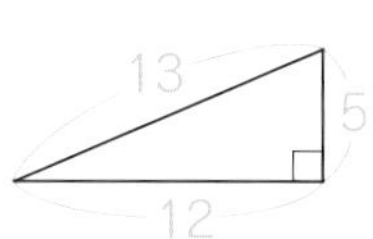

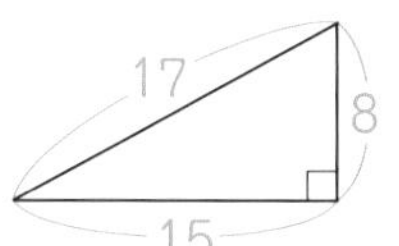

〈左ページ例の答え〉 例1 (1) 4，5，41，6，36，等しくない，いえません
(2) 2，$\sqrt{3}$，7，$\sqrt{7}$，7，等しい，いえます

42 平面図形への利用
三角定規と三平方の定理

三角定規は，右のような２枚の直角三角形が組になっています。これらの直角三角形は，三平方の定理の問題でよく出てくるので，辺の長さの比を覚えておくと便利です。

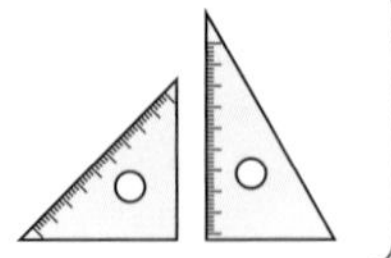

例１ 次の長さを求めましょう。

(1)　１辺が4cmの正方形ABCDの対角線の長さ

(2)　１辺が6cmの正三角形ABCの高さ

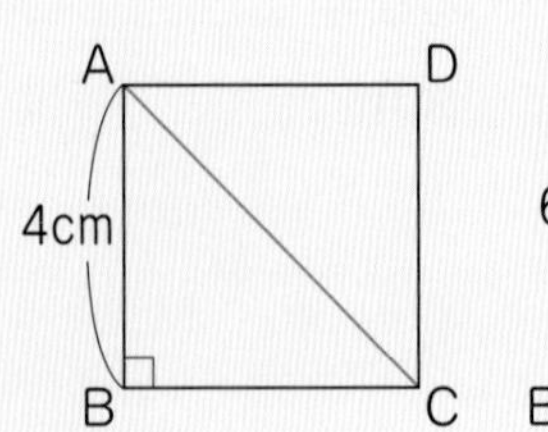

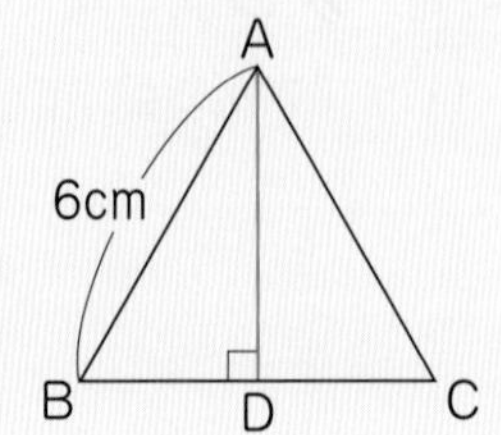

(1)　△ABCは直角三角形だから，$AB^2+BC^2=AC^2$

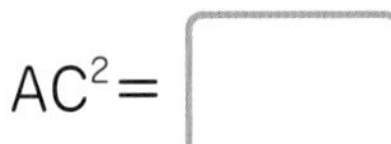

$4^2+\square^2=AC^2$

$AC^2=\square$

AC＞0だから，AC＝$\square$＝$\square$

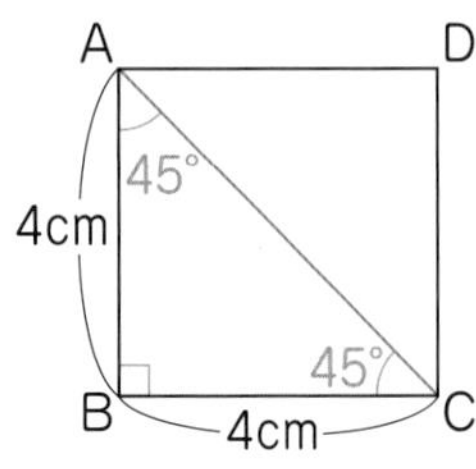

(2)　△ABDは直角三角形だから，$BD^2+AD^2=AB^2$

ここが斜辺です。

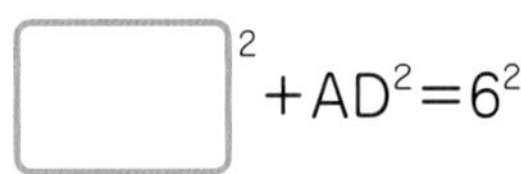

点Dは辺BCの中点だから，辺BCの長さの半分です。

$\square^2+AD^2=6^2$

$AD^2=\square$

AD＞0だから，AD＝$\square$＝$\square$

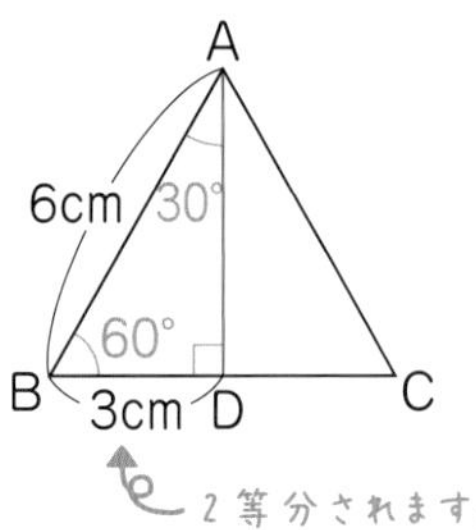

これがタイせつ

三角定規の３辺の比

三角定規の３辺の比には，次の関係があります。

①　45°，45°，90°の直角三角形の３辺の比は，$1:1:\sqrt{2}$

②　30°，60°，90°の直角三角形の３辺の比は，$1:2:\sqrt{3}$

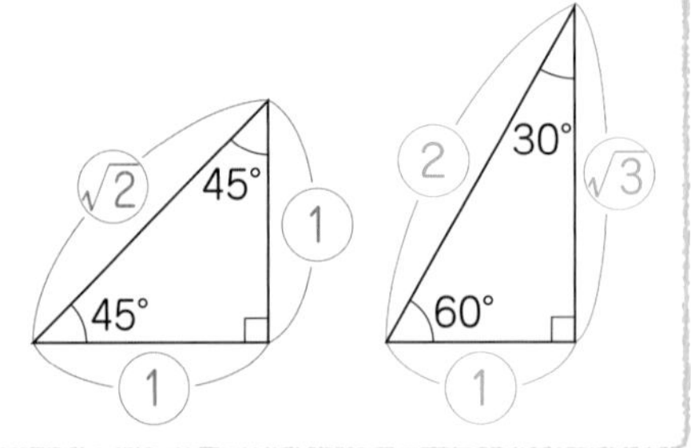

これダケは覚えよう！

□ **三角定規の3辺の比**…三角定規の辺の比は，

1：1：$\sqrt{2}$と1：2：$\sqrt{3}$になる。

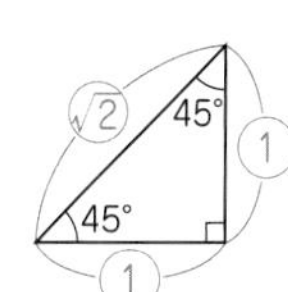

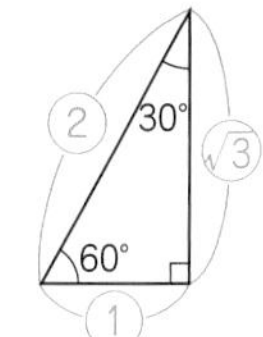

➡答えは別冊p.14

1 次の長さを求めましょう。

(1) 右の図の正方形ABCDの対角線の長さ

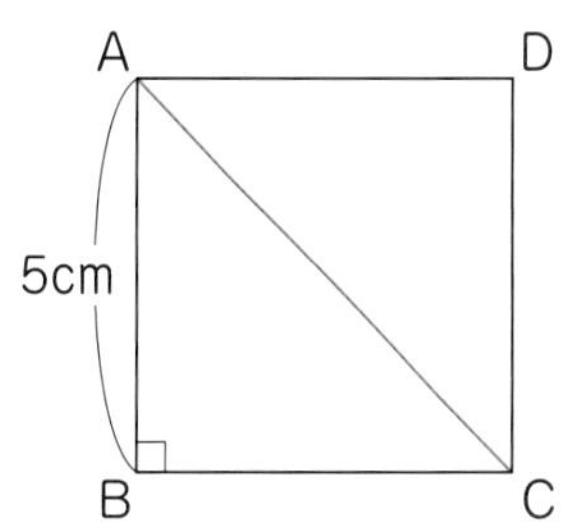

(2) 右の図の正三角形ABCの高さ

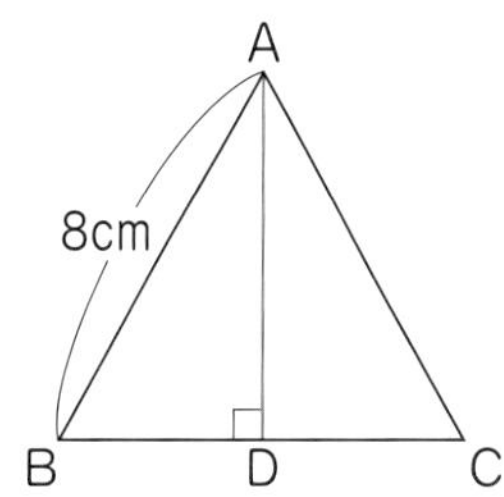

2点間の距離（きょり）を求めよう

三平方の定理を使うと，座標平面上の2点間の距離も求められます。

例 2点A(2, 3)，B(−3, −1) の間の距離を求めましょう。

➡右の図のように，直角三角形ABCをつくって考えます。

BC＝2−(−3)＝5 ← x座標の差です。

AC＝3−(−1)＝4 ← y座標の差です。

$AB^2=5^2+4^2=41$ ← $AB^2=BC^2+AC^2$

AB＞0だから，AB＝$\sqrt{41}$

 $\sqrt{41}$

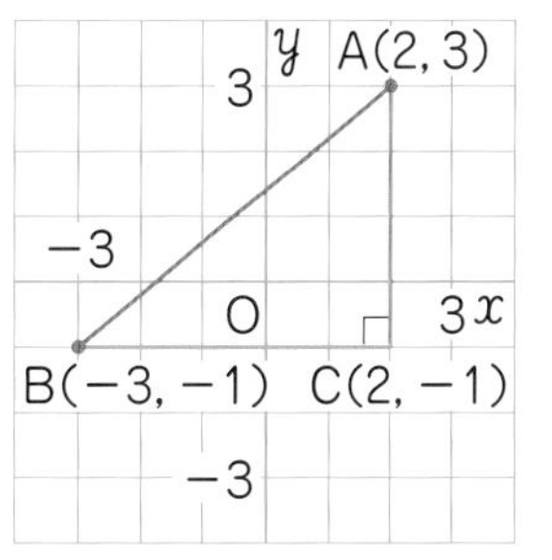

〈左ページ例の答え〉 例1 (1) 4，32，$\sqrt{32}$，$4\sqrt{2}$，$4\sqrt{2}$cm (2) 3，27，$\sqrt{27}$，$3\sqrt{3}$，$3\sqrt{3}$cm

空間図形への利用

立体の長さを求めよう

三平方の定理を利用すると，直方体の対角線の長さや円錐(えんすい)の高さなどを求めることができます。三平方の定理を利用するために，直角三角形がどこにあるかを見つけることがポイントです。

例1 右の直方体の対角線AGの長さを求めましょう。

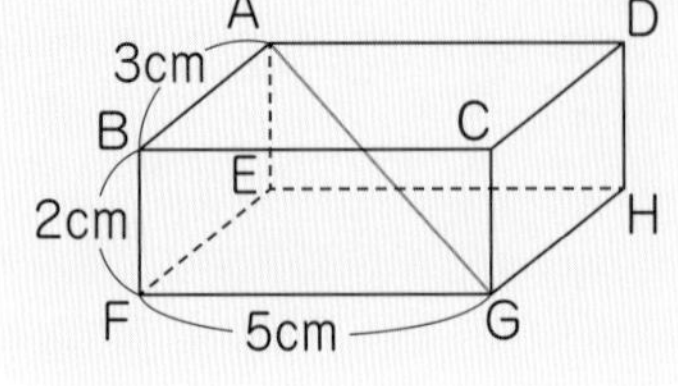

$EG^2=$ □ $^2+5^2$

△EFGで，$EG^2=EF^2+FG^2$

△AEGで三平方の定理を使うために，まずはEGの長さを考えます。

$AG^2=EG^2+2^2$

△AEGで，$AG^2=EG^2+AE^2$

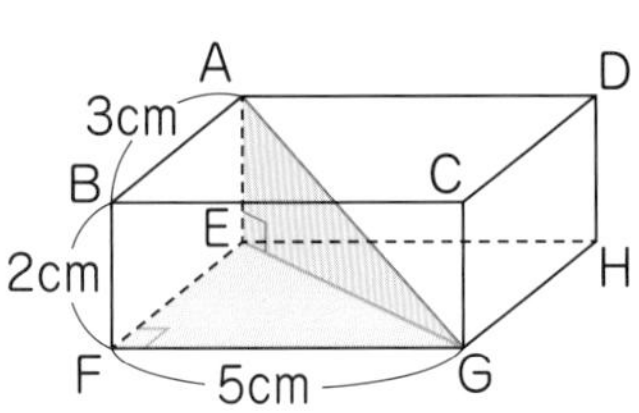

$=$ □ $^2+5^2+2^2$ ← $(縦)^2+(横)^2+(高さ)^2$になります。

$=$ □

AG>0だから，AG= □

答 □

これがタイせつ

直方体の対角線の長さ

$\sqrt{(縦)^2+(横)^2+(高さ)^2}$

例2 底面の半径が6cm，母線の長さが10cmの円錐の体積を求めましょう。

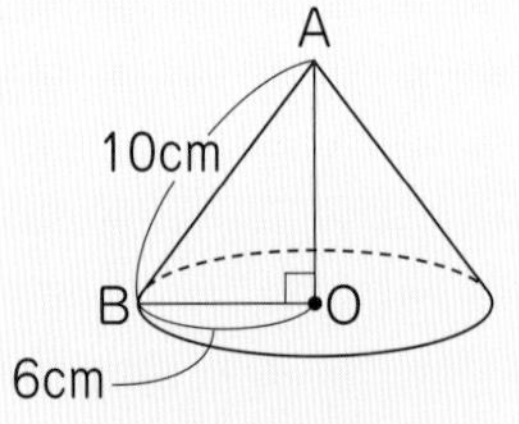

$AO^2+6^2=10^2$より， ← △ABOで，$AO^2+BO^2=AB^2$

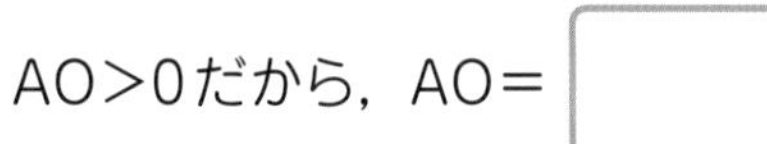

$AO^2=$ □

AO>0だから，AO= □

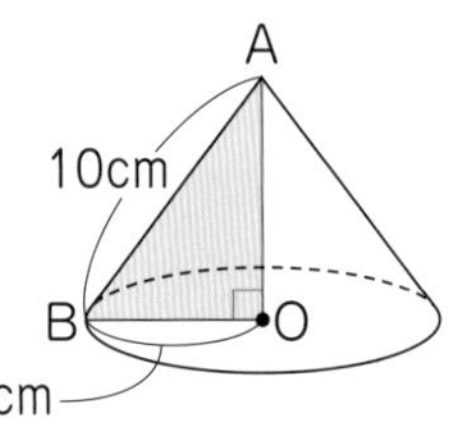

したがって，円錐の体積は，

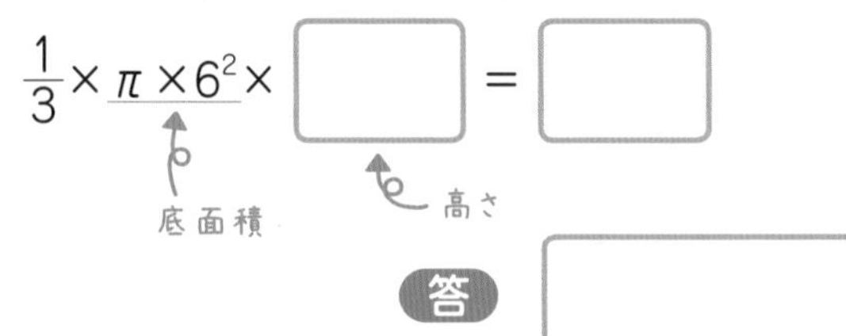

$\frac{1}{3}\times\pi\times6^2\times$ □ $=$ □

答 □

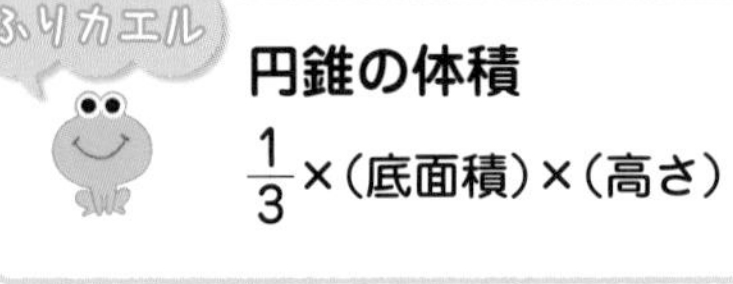

円錐の体積

$\frac{1}{3}\times(底面積)\times(高さ)$

これダケは覚えよう！

- □ **直方体の対角線**…対角線を斜辺とする直角三角形をつくり，三平方の定理を使う。
- □ **円錐の高さ**…高さを１辺とする直角三角形をつくり，三平方の定理を使う。

➡答えは別冊p.14

1 **右の直方体の対角線AGの長さを求めましょう。**

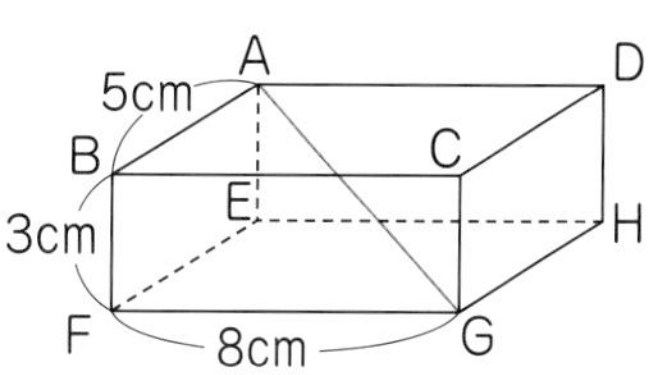

2 **右の円錐の体積を求めましょう。**

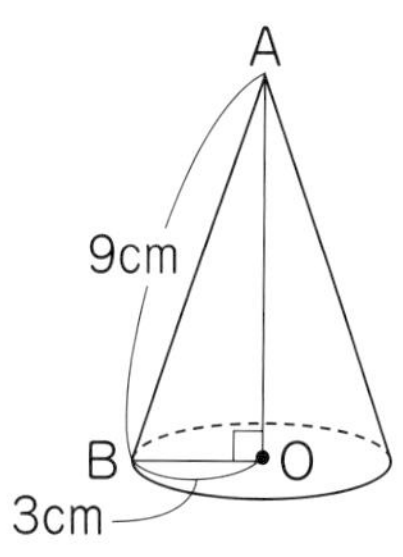

プラスワン　立方体の対角線の長さは？

例　1辺の長さがaの立方体の対角線の長さを求めましょう。

➡直方体の対角線の公式より，

$\sqrt{(縦)^2+(横)^2+(高さ)^2}$

$=\sqrt{a^2+a^2+a^2}$

$=\sqrt{3a^2}$

$=\sqrt{3}a$　（$a>0$だから，$\sqrt{a^2}=a$です。）

つまり，立方体の対角線の長さは，**1辺の長さの$\sqrt{3}$倍**です。

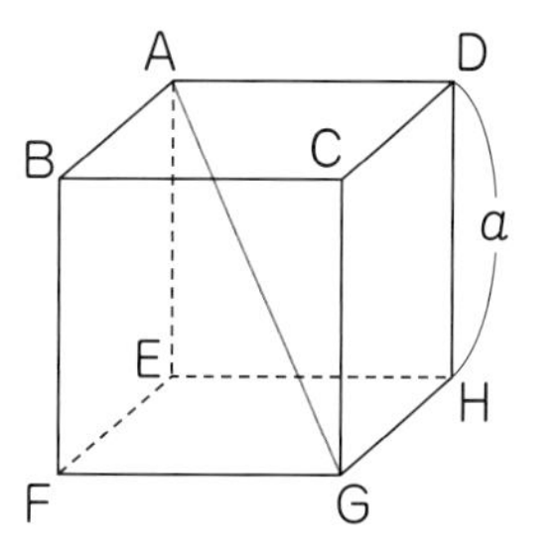

〈左ページ例の答え〉　例① 3，3，38，$\sqrt{38}$，$\sqrt{38}$cm　例② 64，8，8，96π，96π cm^3

まとめのテスト

勉強した日　月　日　得点　／100点

➡答えは別冊p.15

ここで学習　1➡40　2➡41　3・4➡42　5・6➡43

1 下の図で，△ABCは直角三角形です。xの値を求めなさい。　5点×4(20点)

(1)

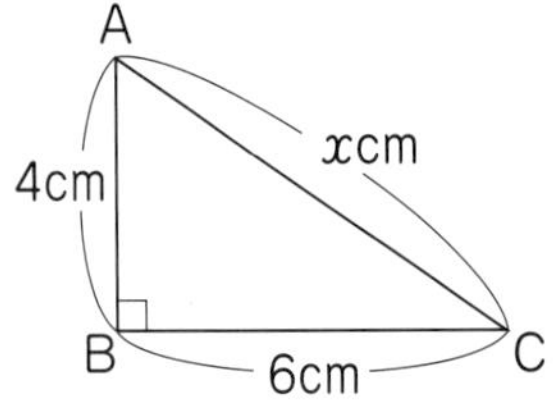

(　　　)

(2)

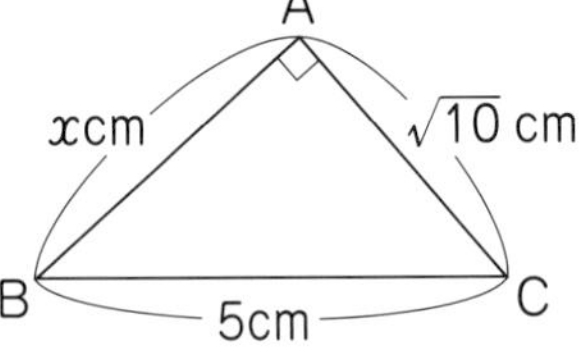

(　　　)

(3)

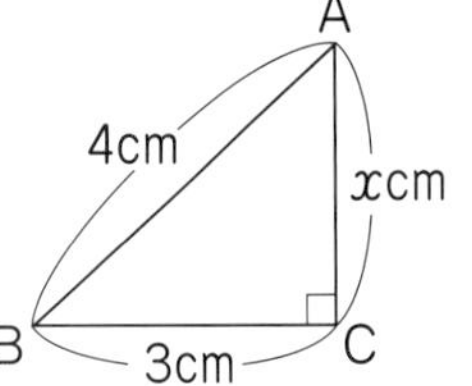

(　　　)

(4)

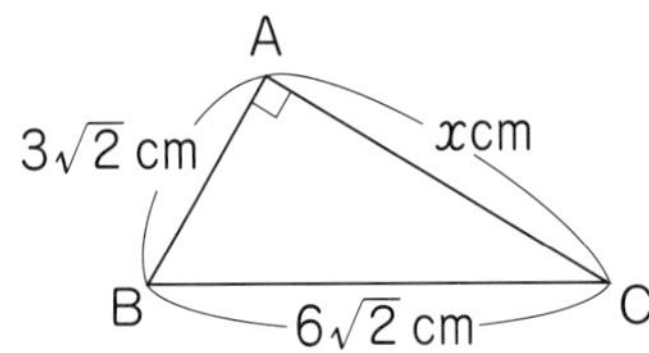

(　　　)

2 次の長さを3辺とする三角形のうち，直角三角形はどれですか。記号ですべて選びなさい。　(10点)

㋐　5cm，7cm，8cm　　㋑　$\sqrt{3}$cm，$\sqrt{5}$cm，$2\sqrt{2}$cm

㋒　0.5cm，1.2cm，1.3cm　　㋓　3cm，5cm，$2\sqrt{2}$cm

(　　　)

3 1辺が4cmの正三角形の面積を求めなさい。　(10点)

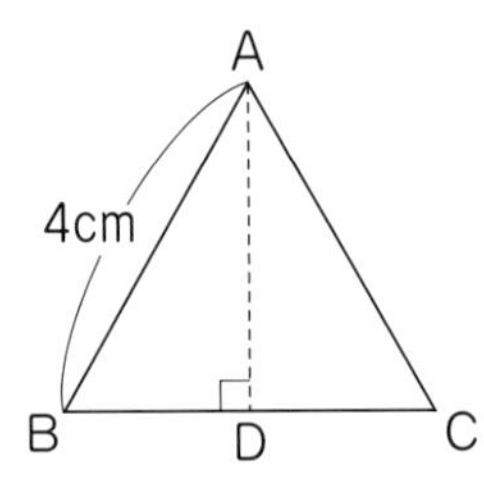

(　　　)

4 右の図で，x，yの値を求めなさい。 10点×2(20点)

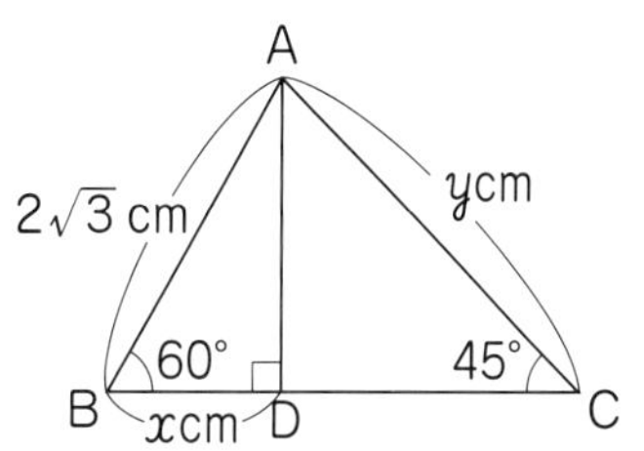

(　　　　)
(　　　　)

5 右の立方体で，対角線BHの長さを求めなさい。(10点)

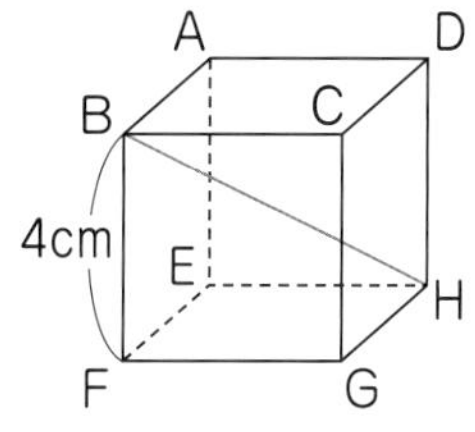

(　　　　)

6 右の図の正四角錐について，次の問いに答えなさい。 10点×3(30点)

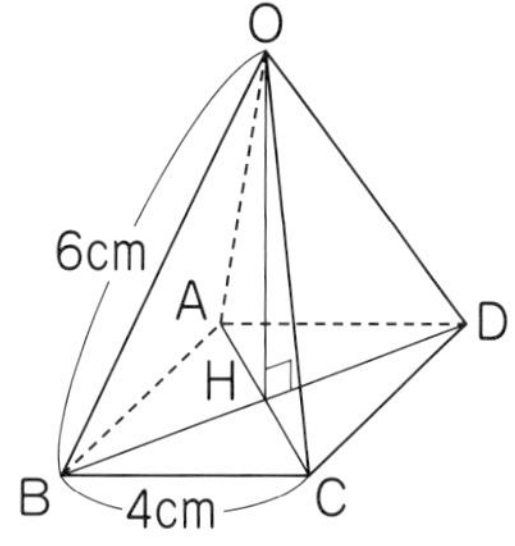

(1) BHの長さを求めなさい。

(　　　　)

(2) この正四角錐の高さOHを求めなさい。

(　　　　)

(3) この正四角錐の体積を求めなさい。

(　　　　)

レベルUP 三平方の定理は円でも使います

三平方の定理を利用すると，円の弦の長さも求めることができます。

例 下の図で，弦ABの長さを求めましょう。

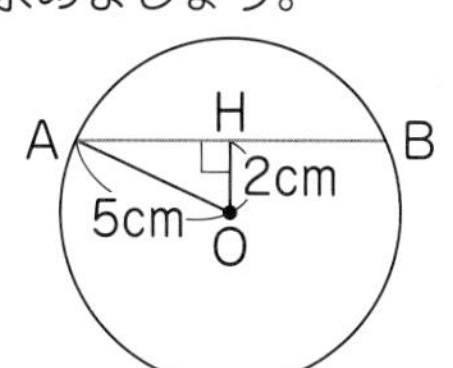

△AOHは直角三角形だから，

$AH^2+2^2=5^2$

$AH^2=21$

AH>0より，

$AH=\sqrt{21}$

$AB=\underline{AH\times 2}=2\sqrt{21}$

点HはABの中点

答 $2\sqrt{21}$cm

読ん得コラム

特集 直角をつくるには？

直角をつくるときに使う道具といえば？

分度器や定規，コンパスとか…

では，例えばロープが一本しかない状態で，
直角をつくることはできるでしょうか。

昔のエジプトでは，
ロープだけで直角を
つくっていたそうです。

えっ…
ロープだけしか使えないの!?
どうしたらいいの？

三平方の定理の逆を利用しよう

三角形の3つの辺の長さa，b，cに$a^2+b^2=c^2$という関係が成り立てば直角三角形になります。
そのことを利用して，3つの辺の長さの比が3：4：5

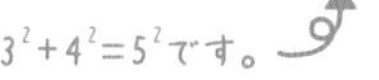

の直角三角形をつくり，そこから直角をつくります。

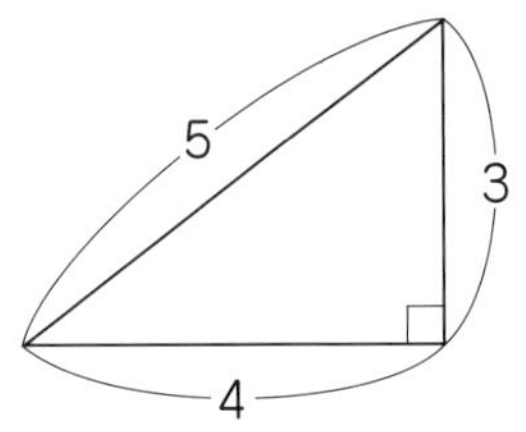

まずロープを12等分(3＋4＋5)
します。

そこから直角三角形を
つくるのです。

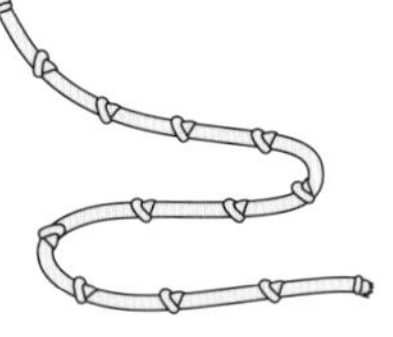

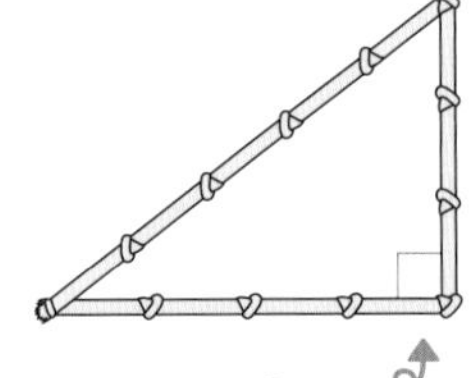

直角!!

7

ここでは，円周角と中心角について学習します。円周角や中心角は弧に注目して考えます。この2つの角の関係を使って，様々な図形の角度を求めましょう。

44 円周角の定理
円周角と中心角とは？

円で，$\overset{\frown}{AB}$をのぞく円周上の点をPとするとき，∠APBを$\overset{\frown}{AB}$に対する円周角（えんしゅうかく）といい，$\overset{\frown}{AB}$を円周角∠APBに対する弧（こ）といいます。$\overset{\frown}{AB}$に対する円周角はいくつもできます。

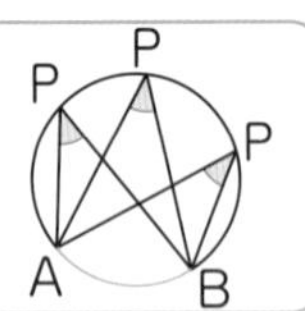

例1 次の図で，∠xの大きさを求めましょう。

(1)

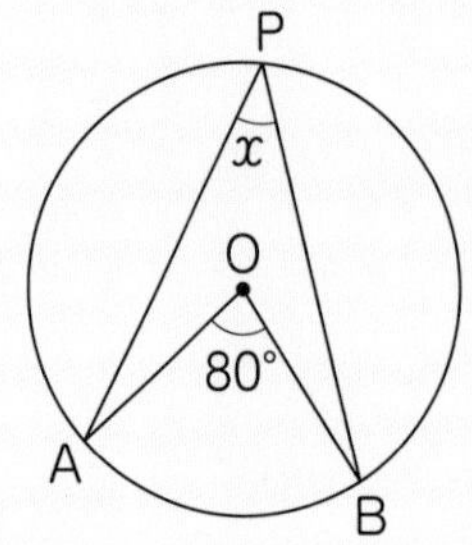

(2)

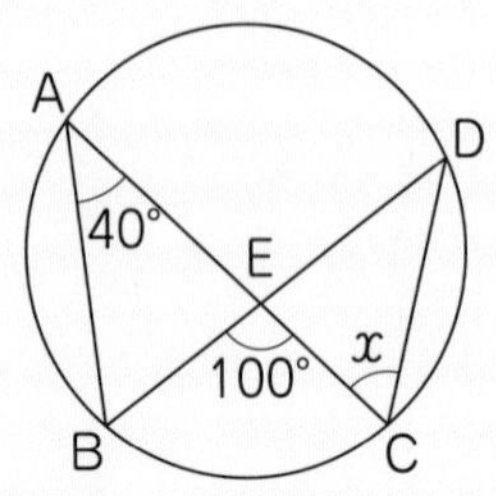

円周角の定理

①1つの弧に対する円周角の大きさは一定。

②円周角は，その弧に対する中心角の半分。

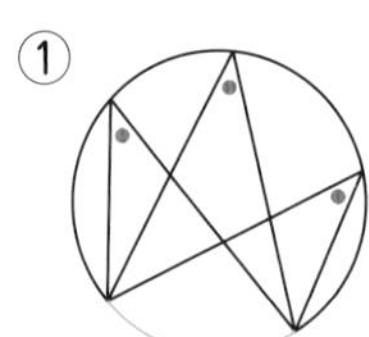

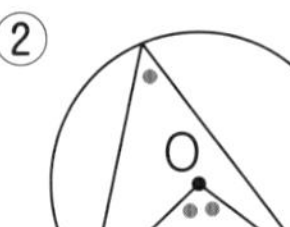

(1) ∠xは，$\overset{\frown}{AB}$に対する円周角だから，

∠x＝$\frac{1}{2}$×□°

＝□°

円周角は中心角の半分です。

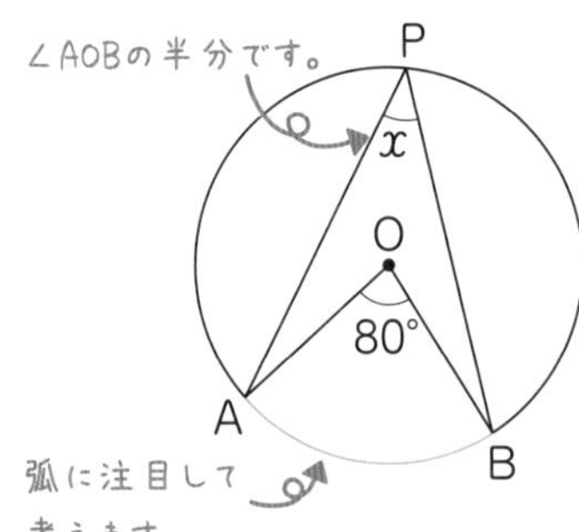

(2) $\overset{\frown}{BC}$に対する円周角だから，

∠BDC＝∠□＝□°

$\overset{\frown}{BC}$に対する円周角がもう1つあります。

△ECDで，内角と外角の関係より，

∠x＝100°－□°

＝□°

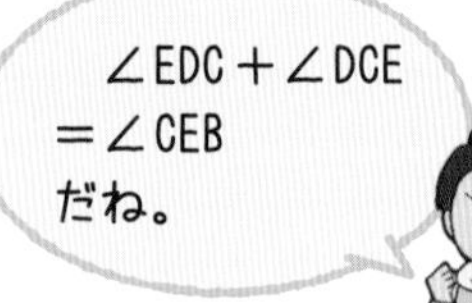

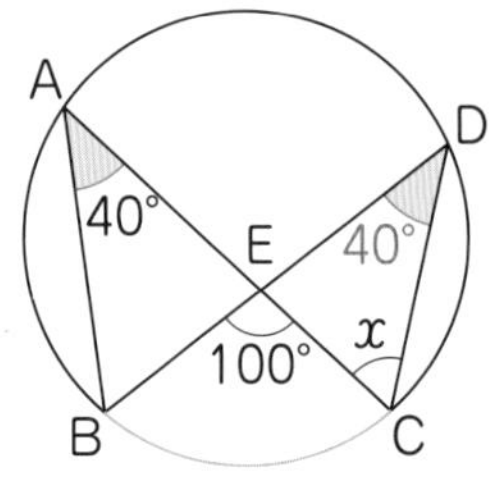

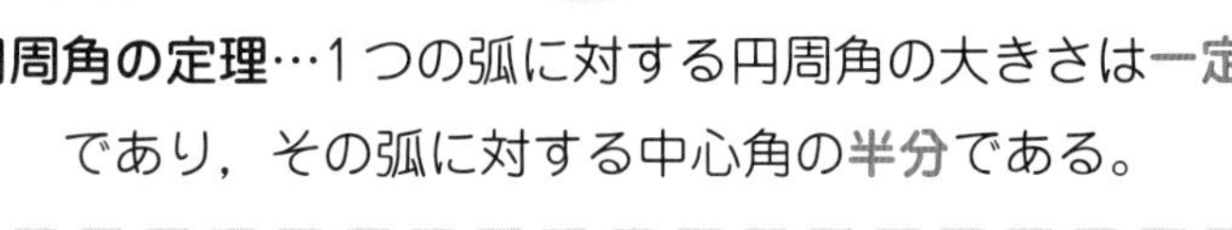

□ **円周角の定理**…1つの弧に対する円周角の大きさは**一定**であり，その弧に対する中心角の**半分**である。

➡答えは別冊p.15

1 **次の図で，$\angle x$の大きさを求めましょう。**

(1)

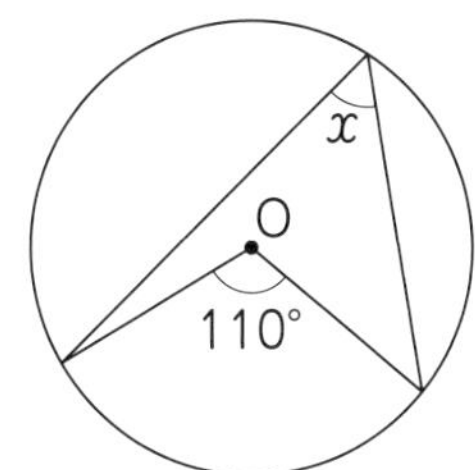

(2)

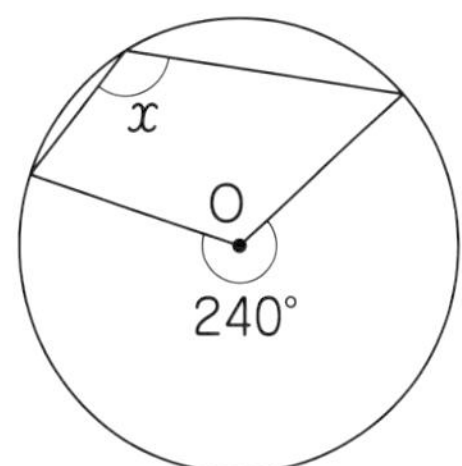

(3)

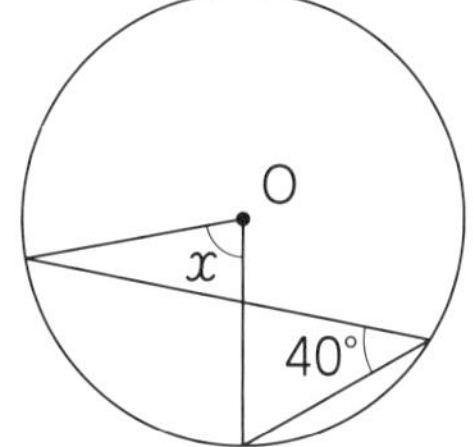

(4)

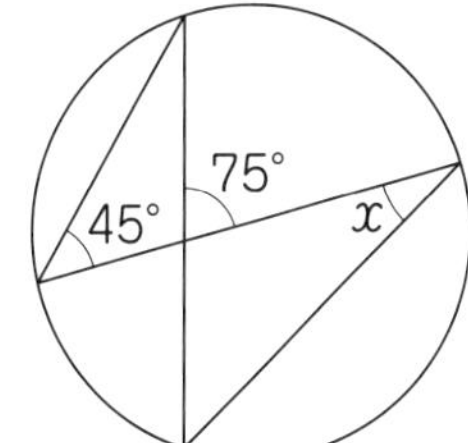

プラスワン **直径と円周角の関係は？**

右の図のように，ABが直径のとき，

∠AOB＝180°となるので，←一直線の角です。

$$\angle APB=\frac{1}{2}\times 180^\circ=90^\circ$$

↑円周角だから半分です。

となります。

このように，直径に対する円周角は90°になります。

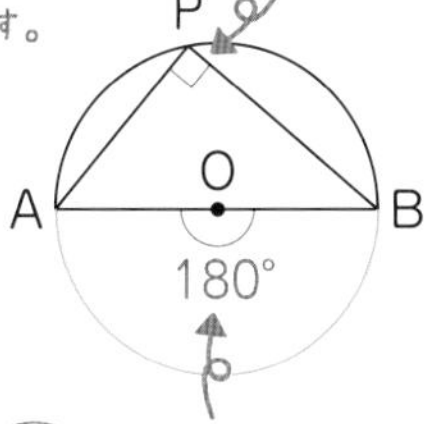

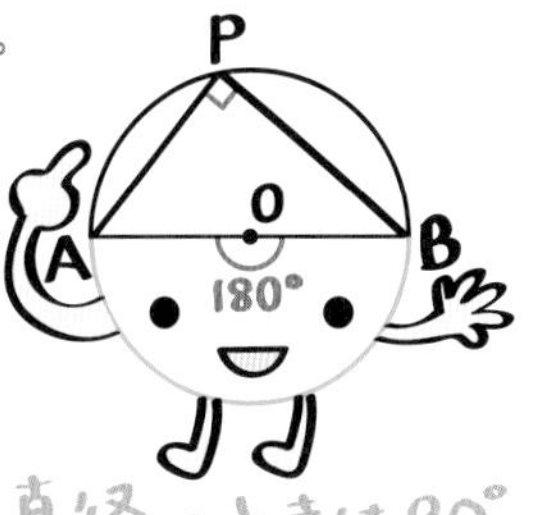

〈左ページ例の答え〉 例1 (1) 80，40 (2) BAC，40，40，60

45 円周角の定理の逆
4点が同じ円周上にあるとき

「3点を通る円」は必ず存在しますが，「4点を通る円」は，いつも存在するわけではありません。実際に円をかかずに，4点を通る円が存在するかどうかを知るときは，円周角の定理の逆を利用します。

例1 次の図で，4点A，B，C，Dは同じ円周上にあるといえますか。

(1)

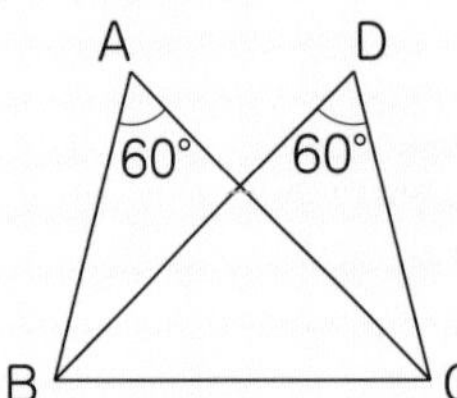

(2)

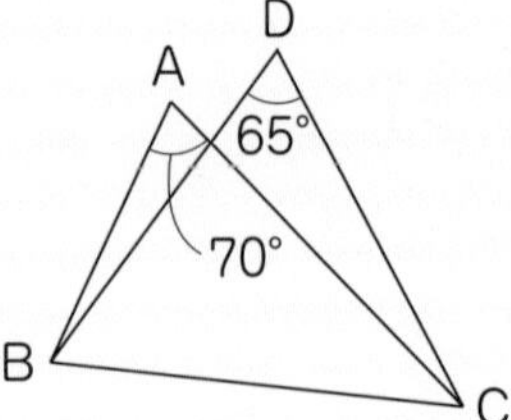

円周角の定理の逆

4点A，B，P，Qについて，P，Qが直線ABに対して同じ側にあって，∠APB＝∠AQBが成り立てば，4点A，B，P，Qは同じ円周上にある。

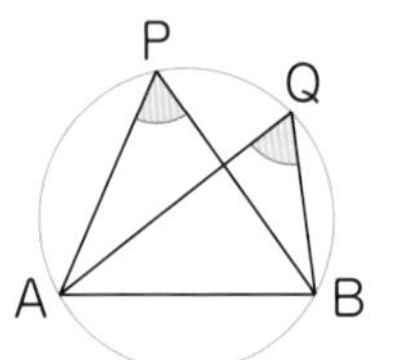

(1) ∠BAC＝∠　　なので，

4点A，B，C，Dは，同じ円周上にあると　　。

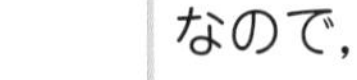

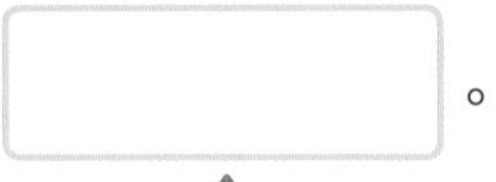

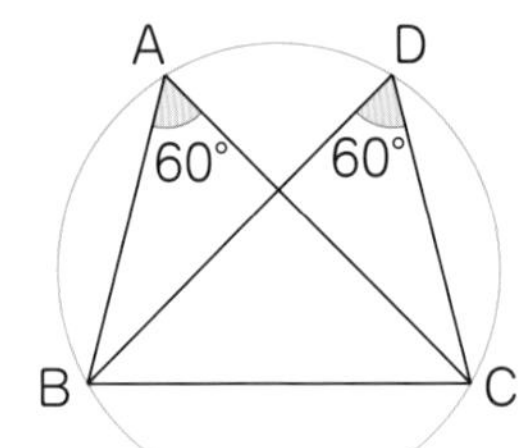

(2) ∠BACと∠　　は，等しくないので，

4点A，B，C，Dは，同じ円周上にあると　　。

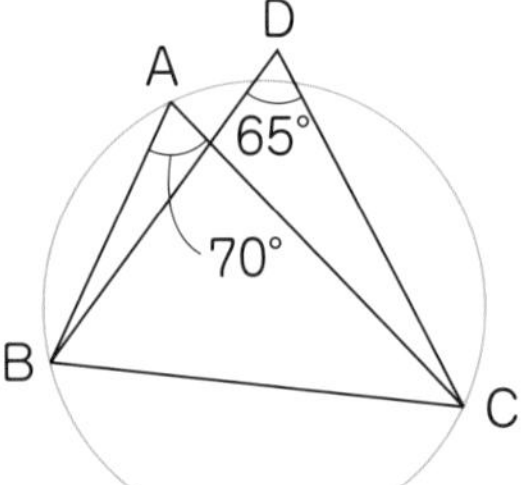

「円周角にあたる角が等しければ，同じ円周上にある」といえるよ。このことは，p.116で学習した「円周角の定理」の逆になっているね。

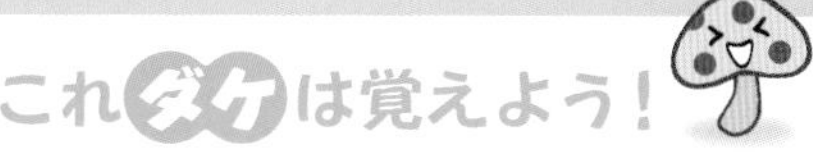

□ **円周角の定理の逆**…P，Qが直線ABに対して同じ側にあって，
∠APB＝∠AQBならば，4点A，B，P，Qは同じ円周上にある。

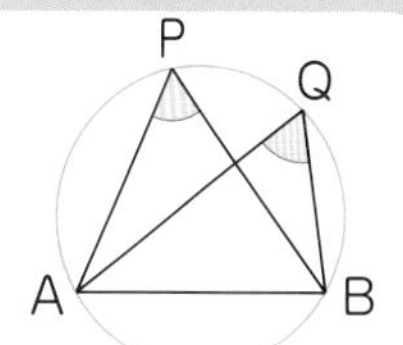

➡答えは別冊p.15

1 次の図で，4点A，B，C，Dは同じ円周上にあるといえますか。

(1)

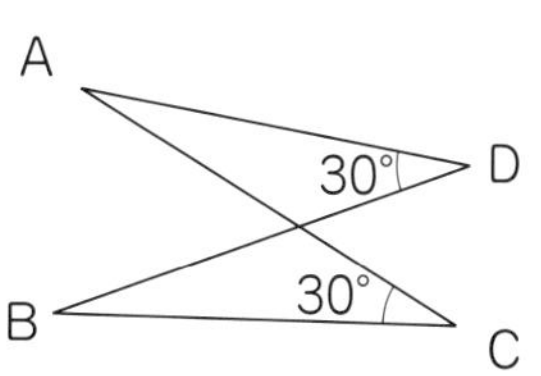

(2)

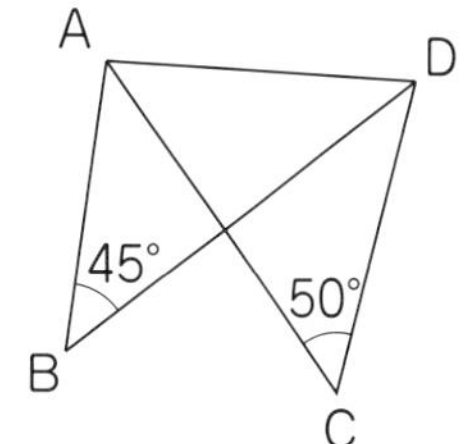

2 右の図で，∠xの大きさが何度のとき，4点A，B，C，Dが同じ円周上にあるといえますか。

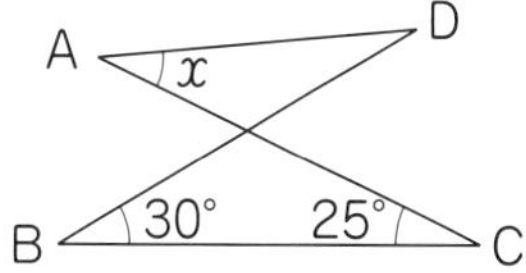

プラスワン **点の位置は円の内部？それとも外部？**

点P，Qが直線ABに対して同じ側にあるとき，4点A，B，P，Qについて，次のことも成り立ちます。

①∠APB＜∠AQBのとき
➡点Qは3点A，B，Pを通る円の内部にあります。

②∠APB＞∠AQBのとき
➡点Qは3点A，B，Pを通る円の外部にあります。

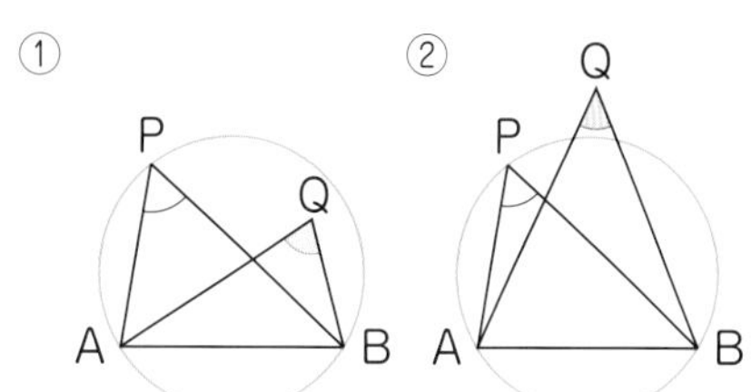

〈左ページ例の答え〉 例1 (1) BDC，いえます (2) BDC，いえません

46 円周角の定理の利用
円の性質を考えよう

円周角の定理を利用すると，円の接線が作図できます。
円の接線は，半径に対して垂直(90°)になるため，直径に対する円周角が90°であることを利用して作図します。

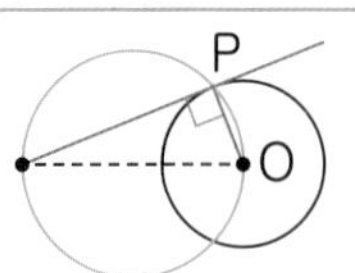

例1 右の図で，点Aは円Oの外部の点です。

(1) 点Aを通る円Oの接線AP，AP′を作図しましょう。ただし，P，P′を接点とします。

(2) AP＝AP′となることを証明しましょう。

(1) ① AOの［　　］Mを作図します。

垂直二等分線の作図です。

② 点Mを中心として，［　　］を半径とする円をかき，円Oとの交点をP，P′とします。

直径に対する円周角だから，∠APO＝∠AP′O＝90°

③ 直線AP，AP′をひきます。

∠APO＝∠AP′O＝90°だから，AP，AP′は接線です。

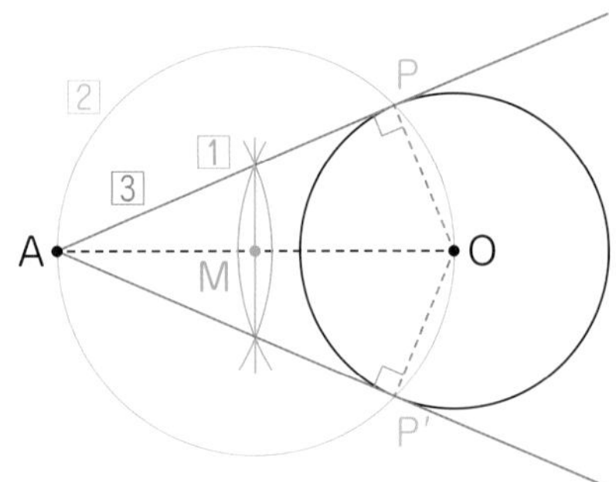

(2) **証明** △APOと△AP′Oにおいて，

共通な辺だから，AO＝［　　］　…①

円の半径だから，PO＝［　　］　…②

接線だから，∠APO＝［　　］＝90°　…③

①，②，③より，直角三角形の［　　］がそれぞれ等しいから，

△APO≡△AP′O

したがって，　AP＝AP′

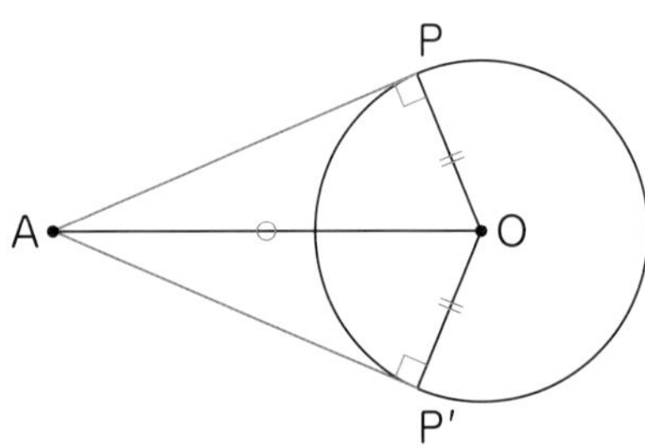

接線の性質
円外の1点から，その円にひいた2つの接線の長さは等しい。

これダケは覚えよう！

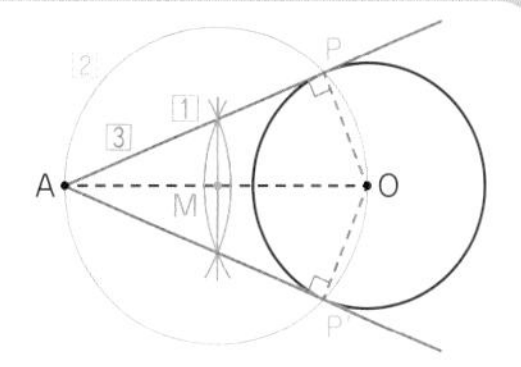

□ **接線の作図**…右の図の1，2，3の手順で作図する。

□ **接線の性質**…右の図で，**AP＝AP′**となる。

➡答えは別冊p.15

1 **右の図で，点Aは円Oの外部の点です。**

(1) 点Aを通る円Oの接線AP，AP′を作図しましょう。ただし，P，P′を接点とします。

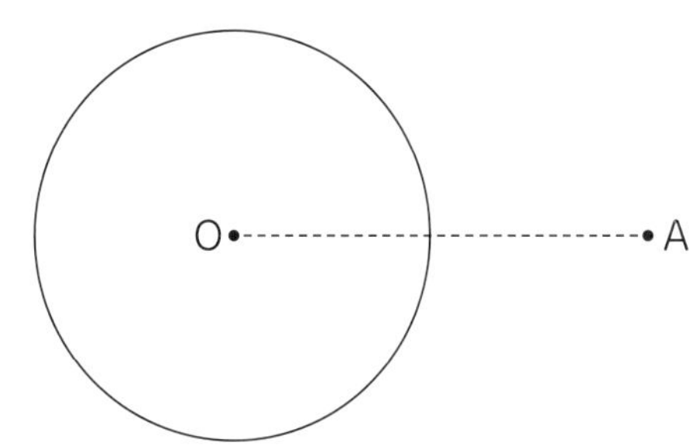

(2) 円Oの半径が4cm，AO＝7cmのとき，APの長さを求めましょう。

プラスワン　円と相似も関係があります

円周角の定理を使った相似の証明を考えてみましょう。

例 右の図で，2つの弦ABとCDは点Pで交わっています。このとき，△ACP∽△DBPとなることを証明しましょう。

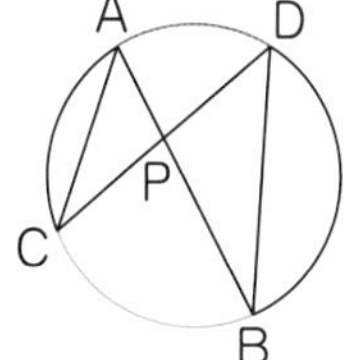

証明 △ACPと△DBPにおいて，
$\overset{\frown}{AD}$に対する円周角は等しいから，
∠ACP＝∠DBP　…①
$\overset{\frown}{BC}$に対する円周角は等しいから，
∠CAP＝∠BDP　…②
①，②より，2組の角がそれぞれ等しいから，
△ACP∽△DBP

〈左ページ例の答え〉 例1 (1) 中点，AM（またはOM） (2) AO，P′O，∠AP′O，斜辺と他の1辺

勉強した日　月　日　得点　／100点

➡答えは別冊p.16

ここで学習　1➡44　2➡45　3・4➡46

1 次の図で，∠xの大きさを求めなさい。

10点×6(60点)

(1)

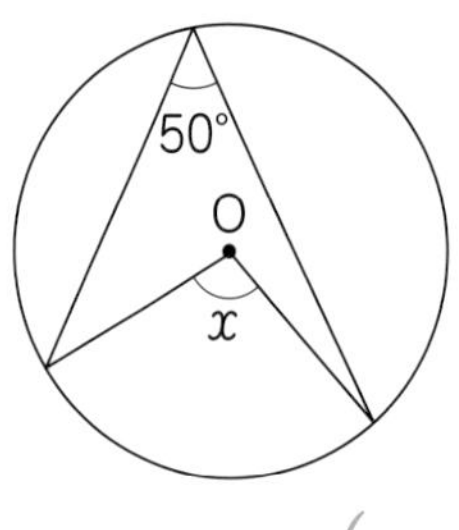

(　　　)

(2)

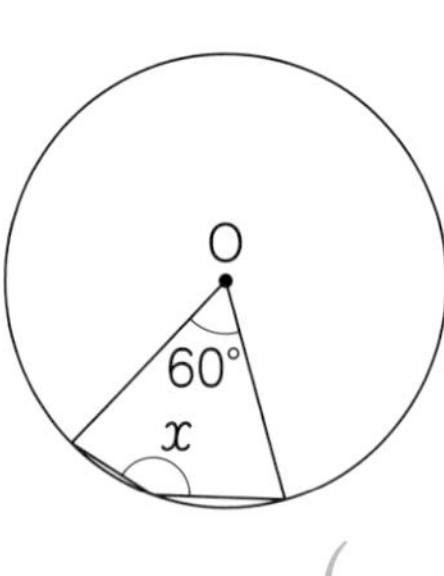

(　　　)

(3)

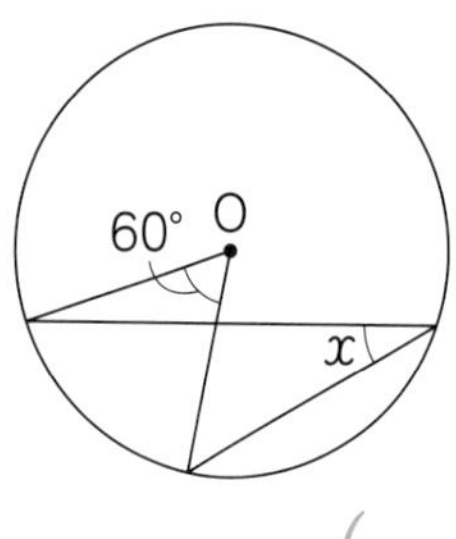

(　　　)

(4)

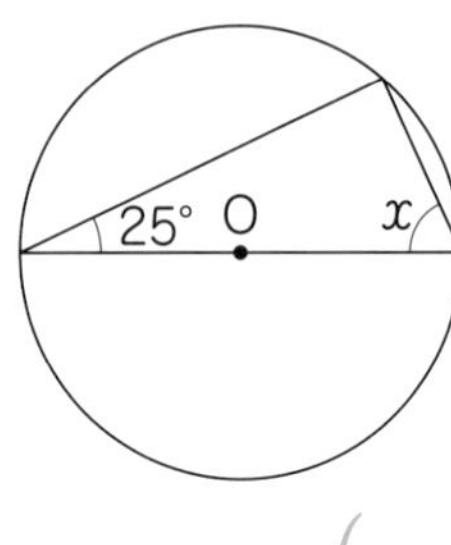

(　　　)

(5)

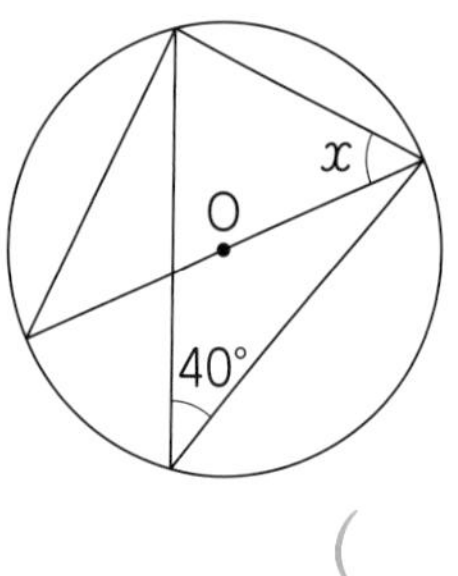

(　　　)

(6)

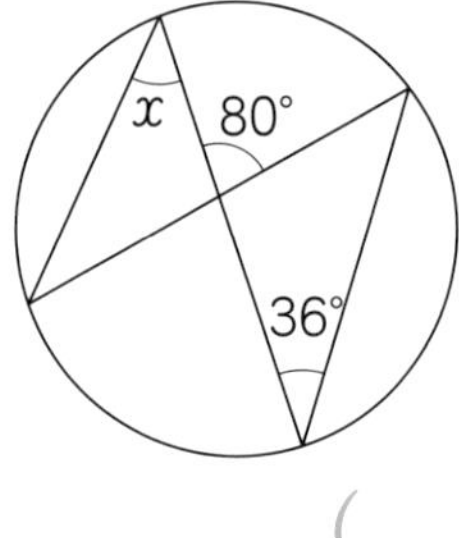

(　　　)

2 次の㋐〜㋒で，4点A，B，C，Dが同じ円周上にあるものはどれですか。記号ですべて答えなさい。

(10点)

㋐

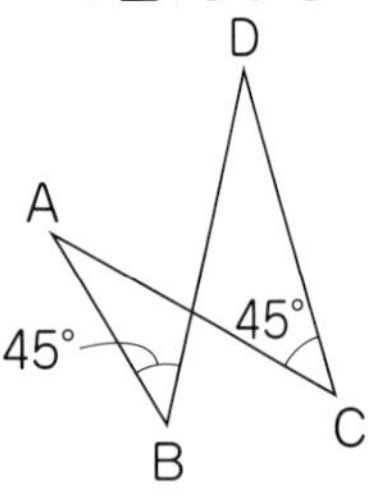

㋑

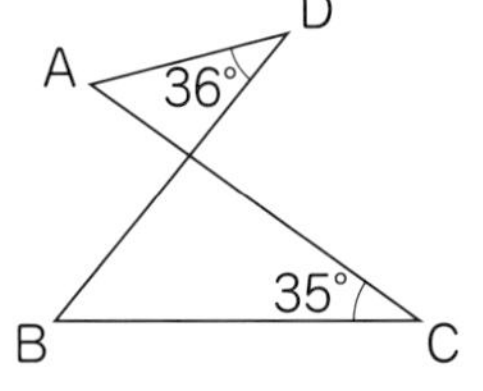

㋒

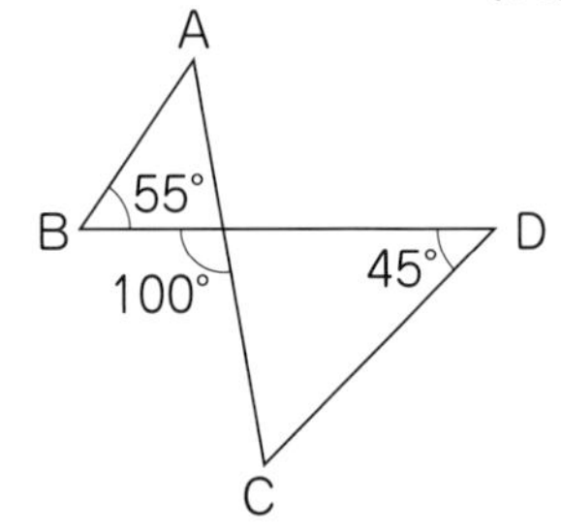

(　　　)

3 右の図のように，円Oの2つの弦AD，BCを延長し，その交点をPとするとき，△ACP∽△BDPとなることを証明しなさい。　(15点)

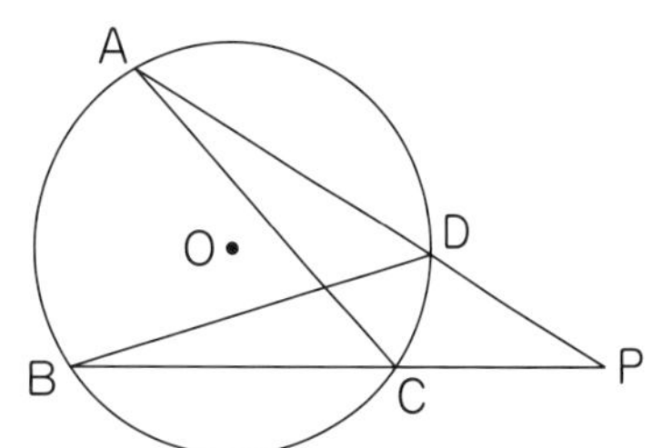

[　　]

4 右の図のように，弦ABとCDが点Eで交わっています。このとき，xの値を求めなさい。　(15点)

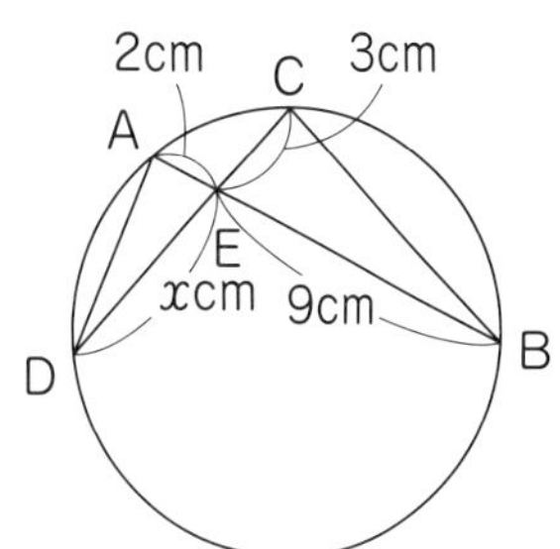

(　　)

レベルUP 円周角の定理はどうして成り立つの？

同じ弧に対する円周角が中心角の半分になることを右の図を使って証明してみましょう。

(証明) ∠OPA＝∠a，∠OPB＝∠bとすると，

△OPAは，OP＝OAの二等辺三角形なので，∠OAP＝∠a

∠AOCは△OAPの外角なので，∠AOC＝2∠a　…①

△OPBで同様に考えて，∠BOC＝2∠b　…②

①，②より，∠AOB＝2∠a＋2∠b＝2(∠a＋∠b)＝2∠APB

したがって，∠APB＝$\frac{1}{2}$∠AOB　← 円周角は中心角の半分です。

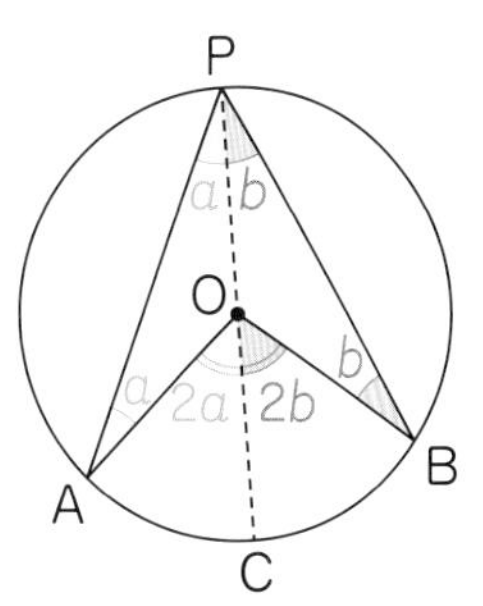

読ん得コラム

特集 シュートが入りやすいのはどっち？

右のようなサッカーコートで，ゴールの中心からの距離が等しい点P，Qからシュートを打ちます。

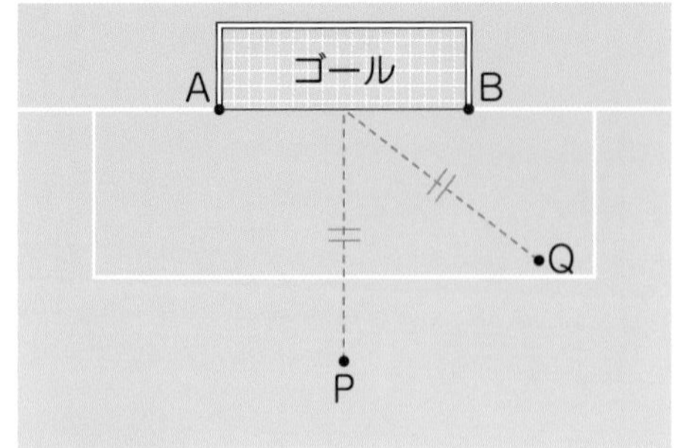

今回はサッカーの話ね。

点P，Qどちらから打つほうがゴールに入りやすいでしょうか。∠APBと∠AQBに注目して考えてみましょう。

角度が大きいほうが入りやすそうだけど，どっちのほうが大きいの？

円周角の関係を利用しよう

ゴールまでの距離が同じときは，A，Bとその点を結ぶ角度が大きいほうが，シュートが入りやすいと考えられます。
そこで，3点A，B，Pを通る円をかき，点Qがその円の内側にあるか外側にあるかで判断します。
右の図のように円をかくと，点Qは円の外側にあります。

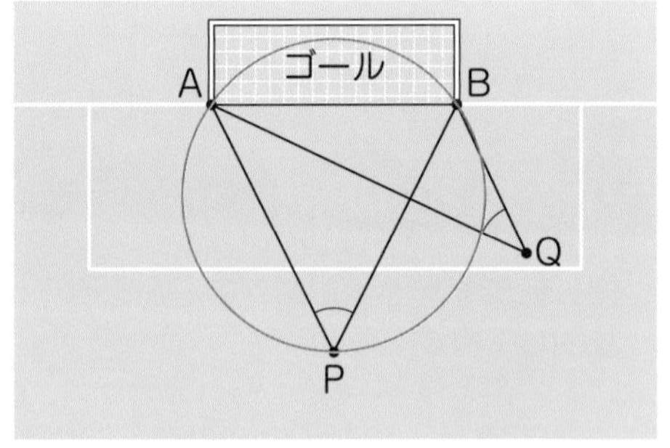

したがって，

∠APB＞∠AQB ← 詳しくはp.119の プラスワン で解説しています。

つまり，点Pからのほうが，シュートが入りやすいといえます。

標本調査

調査の方法は，「全数調査」と「標本調査」の2つがあります。この2つの調査のちがいを理解し，様々な調査でどちらが適切か判断できるようにしましょう。

全数調査と標本調査
調査の方法を知ろう

ある集団の傾向を調べるとき，全体を調べる調査を全数調査（ぜんすうちょうさ），全体の一部を取り出して調査し，全体を推測する調査を標本調査（ひょうほんちょうさ）といいます。標本調査で，傾向を知りたい集団全体を母集団（ぼしゅうだん），実際に取り出して調べたものを標本といいます。

例1 ある工場では，1日に大量のけい光灯をつくっています。これらのけい光灯が不良品でないかどうか調べるのに，毎日300個を無作為（むさくい）に抽出（ちゅうしゅつ）して検査しています。この検査の母集団と標本をそれぞれ答えましょう。

母集団は ［　　　　］ で，

↑ 傾向を知りたい集団全体のことです。

標本は ［　　　　］ です。

↑ 母集団の一部分として取り出して調べたものです。

標本を選ぶときは，かたよりのないように選ぶよ。このような選び方を，無作為に抽出するというよ。

例2 次の調査は，全数調査と標本調査のどちらが適切ですか。

㋐ 学校での定期健康診断（しんだん）　㋑ 内閣支持率を調べる世論調査

㋒ 缶（かん）ジュースの品質検査

㋐ 個人の健康管理に必要で，全員が行うものなので，［　　　　］。

㋑ 有権者の一部を対象にした調査から傾向を調べるものなので，［　　　　］。

㋒ 缶ジュースを全部検査すると，商品がなくなってしまうので，［　　　　］。

全数調査と標本調査

全数調査…集団全体を調べる調査

標本調査…母集団の一部分のみを調べる調査

これダケは覚えよう！

- □ **全数調査**…集団**全体**を調べる調査。　例　身体測定，健康診断，進路調査
- □ **標本調査**…母集団の**一部分のみ**を調べる調査。　例　不良品検査，世論調査

➡答えは別冊p.16

1　**ある都市の有権者84679人から，1000人を選び出して世論調査を行いました。この調査の母集団，標本をそれぞれ答えましょう。**

2　**次の調査は，全数調査と標本調査のどちらが適切ですか。**

㋐　あるプールの水質検査

㋑　国勢調査

㋒　電球の寿命(じゅみょう)調査

プラスワン　標本調査を利用しよう

標本調査を利用して，池にいる魚のおよその数を調べることができます。

例　ある池の魚の数を調べます。魚を50匹(ぴき)とり，印をつけて逃(に)がします。数日後，90匹魚をとったところ，印のついた魚が15匹いました。この池の魚はおよそ何匹と考えられますか。

➡ 池の魚がx匹いるとすると，

$$\underset{標本}{15:90}=\underset{全体}{50:x}$$

$$15x=4500$$

$$x=300$$

答　およそ300匹

〈左ページ例の答え〉　例① 1日につくったけい光灯全体，無作為に抽出した300個のけい光灯

例② 全数調査，標本調査，標本調査

まとめのテスト

勉強した日　月　日　得点　／50点

➡答えは別冊p.16

ここで学習　1～3➡㊼

1 次の調査で，全数調査が適切なものを選びなさい。（10点）

㋐ あるテレビ番組の視聴率（しちょうりつ）調査　㋑ 学校で行う視力検査

㋒ 電池の寿命調査

（　　　）

2 次の標本調査について，標本の選び方として，適切なものには○を，適切でないものには×を書きなさい。10点×3(30点)

(1) ある県で，日本のプロ野球チームのうち，人気があるのはどのチームかを調べるのに，20歳（さい）代だけを選んで調べた。

（　　　）

(2) ある工場で1日につくった製品の品質を調べるのに，300個を無作為に抽出して調べた。

（　　　）

(3) ある県で，中学生が1日にどのくらいの牛乳を飲むかを調べるのに，A中学校の生徒だけを選んで調べた。

（　　　）

3 袋（ふくろ）の中に黒玉がたくさん入っています。次の方法を使って黒玉の個数を考えました。

・黒玉と同じ大きさの白玉を200個，袋の中に入れ，よくかき混ぜる。

・その中から100個の玉を取り出す。

・取り出した100個の中に白玉は2個あった。

袋の中の黒玉は，およそ何個と考えられますか。（10点）

（　　　）

⬅この「解答と解説」は取り外して使えます。

改訂版

わからないをわかるにかえる中3数学

解答と解説

文理

1 多項式と単項式のかけ算，わり算

➔本冊 p.7

練習問題

1 次の計算をしましょう。

(1) $5x(x-4y)$

$=5x\times x+5x\times(-4y)$

$=\boldsymbol{5x^2-20xy}$

(2) $(a-b)\times(-4a)$

$=a\times(-4a)-b\times(-4a)$

$=\boldsymbol{-4a^2+4ab}$

(3) $\frac{3}{4}x(4x-8)$

$=\frac{3}{\cancel{4}_1}x\times\cancel{4}^1x+\frac{3}{\cancel{4}_1}x\times(-\cancel{8}^2)$

$=\boldsymbol{3x^2-6x}$

(4) $(x+3y-5)\times(-4x)$

$=x\times(-4x)+3y\times(-4x)-5\times(-4x)$

$=\boldsymbol{-4x^2-12xy+20x}$

2 次の計算をしましょう。

(1) $(8xy+4y)\div(-2y)$

$=(8xy+4y)\times\left(-\frac{1}{2y}\right)$

$=8xy\times\left(-\frac{1}{2y}\right)+4y\times\left(-\frac{1}{2y}\right)$

$=-\frac{\overset{4}{\cancel{8}}\times x\times\overset{1}{\cancel{y}}}{\underset{1}{\cancel{2}}\times\underset{1}{\cancel{y}}}-\frac{\overset{2}{\cancel{4}}\times\overset{1}{\cancel{y}}}{\underset{1}{\cancel{2}}\times\underset{1}{\cancel{y}}}$

$=\boldsymbol{-4x-2}$

(2) $(6a^2-8ab)\div\frac{2}{3}a$

$=(6a^2-8ab)\times\frac{3}{2a}$

$=6a^2\times\frac{3}{2a}-8ab\times\frac{3}{2a}$

$=\frac{\overset{3}{\cancel{6}}\times\overset{1}{\cancel{a}}\times a\times3}{\underset{1}{\cancel{2}}\times\underset{1}{\cancel{a}}}-\frac{\overset{4}{\cancel{8}}\times\overset{1}{\cancel{a}}\times b\times3}{\underset{1}{\cancel{2}}\times\underset{1}{\cancel{a}}}$

$=\boldsymbol{9a-12b}$

$\frac{2}{3}a$ の逆数は $\frac{3}{2a}$ だよ。

2 式を展開しよう

➔本冊 p.9

練習問題

1 次の式を展開しましょう。

(1) $(a+b)(c-d)$

$=\boldsymbol{ac-ad+bc-bd}$
① ② ③ ④

(2) $(x+1)(y-5)$

$=\boldsymbol{xy-5x+y-5}$

(3) $(x+3)(x+6)$

$=x^2+6x+3x+18$

$=\boldsymbol{x^2+9x+18}$

(4) $(a-3)(a-5)$

$=a^2-5a-3a+15$

$=\boldsymbol{a^2-8a+15}$

(5) $(2x+y)(x-3y)$

$=2x^2-6xy+xy-3y^2$

$=\boldsymbol{2x^2-5xy-3y^2}$

(6) $(2a-b)(3a-2b)$

$=6a^2-4ab-3ab+2b^2$

$=\boldsymbol{6a^2-7ab+2b^2}$

展開するときは，符号に注意しよう。
(+)×(+)→(+)　(+)×(−)→(−)
(−)×(−)→(+)　(−)×(+)→(−)

3 $(x+a)(x+b)$ を展開しよう

➔本冊 p.11

練習問題

1 乗法公式①を使って，次の式を展開しましょう。

(1) $(x+4)(x+5)$

$=x^2+(\underset{和}{4+5})x+\underset{積}{4\times5}$

$=\boldsymbol{x^2+9x+20}$

(2) $(x+10)(x-3)$

$=x^2+\{10+(-3)\}x+10\times(-3)$

$=\boldsymbol{x^2+7x-30}$

(3) $(x-8)(x+5)$

$=x^2+\{(-8)+5\}x+(-8)\times5$

$=\boldsymbol{x^2-3x-40}$

(4) $(x-9)(x-4)$

$=x^2+\{(-9)+(-4)\}x+(-9)\times(-4)$

$=\boldsymbol{x^2-13x+36}$

(5) $(y+7)(y-2)$

$=y^2+\{7+(-2)\}y+7\times(-2)$

$=\boldsymbol{y^2+5y-14}$

(6) $\left(x-\frac{1}{2}\right)\left(x-\frac{3}{2}\right)$

$=x^2+\left\{\left(-\frac{1}{2}\right)+\left(-\frac{3}{2}\right)\right\}x+\left(-\frac{1}{2}\right)\times\left(-\frac{3}{2}\right)$

$=\boldsymbol{x^2-2x+\frac{3}{4}}$

分数でも同じように
計算するよ。

4 $(x\pm a)^2$ を展開しよう

➔本冊 p.1

練習問題

1 乗法公式①を使って，次の式を展開しましょう。

(1) $(x+6)^2$

$=(x+6)(x+6)$

$=x^2+(\underset{和}{6+6})x+\underset{積}{6\times6}$

$=\boldsymbol{x^2+12x+36}$

(2) $(x-6)^2$

$=(x-6)(x-6)$

$=x^2+\{(-6)+(-6)\}x+(-6)\times(-$

$=\boldsymbol{x^2-12x+36}$

2 乗法公式②，③を使って，次の式を展開しましょう。

(1) $(x+7)^2$

$=x^2+\underset{2倍}{2\times7}\times x+\underset{2乗}{7^2}$

$=\boldsymbol{x^2+14x+49}$

乗法公式②で，
a が7のとき

(2) $(3-y)^2$

$=3^2-2\times y\times3+y^2$

符号に注意

$=\boldsymbol{y^2-6y+9}$

乗法公式③で，x が3
a が y のとき

(3) $(a+b)^2$

$=a^2+2\times b\times a+b^2$

$=\boldsymbol{a^2+2ab+b^2}$

乗法公式②で，x が a，
a が b のとき

(4) $\left(x-\frac{2}{3}\right)^2$

$=x^2-2\times\frac{2}{3}\times x+\left(\frac{2}{3}\right)^2$

$=\boldsymbol{x^2-\frac{4}{3}x+\frac{4}{9}}$

乗法公式③で，a
$\frac{2}{3}$ のとき

5 $(x+a)(x-a)$を展開しよう

→本冊 p.15

練習問題

1 乗法公式①を使って，次の式を展開しましょう。

(1) $(x+4)(x-4)$

$=x^2+\{4+(-4)\}x$
$\quad +4\times(-4)$

$=\boldsymbol{x^2-16}$

(2) $(a+b)(a-b)$

$=a^2+\{b+(-b)\}a$
$\quad +b\times(-b)$

$=\boldsymbol{a^2-b^2}$

2 乗法公式④を使って，次の式を展開しましょう。

(1) $(x+9)(x-9)$

$=x^2-9^2$
2乗　2乗

$=\boldsymbol{x^2-81}$

乗法公式④で，aが9のとき

(2) $(10+a)(10-a)$

$=10^2-a^2$

$=\boldsymbol{100-a^2}$

乗法公式④で，xが10のとき

(3) $(x-y)(y+x)$

$=(x-y)(x+y)$

たし算を入れかえます。

$=\boldsymbol{x^2-y^2}$

乗法公式④で，aがyのとき

(4) $\left(m+\frac{2}{5}\right)\left(m-\frac{2}{5}\right)$

$=m^2-\left(\frac{2}{5}\right)^2$

$=\boldsymbol{m^2-\frac{4}{25}}$

乗法公式④で，xがm，aが$\frac{2}{5}$のとき

6 乗法公式を使って計算しよう

→本冊 p.17

練習問題

1 次の式を展開しましょう。

(1) $(2x+y)(2x+3y)$

$=(2x)^2+(y+3y)\times 2x$
$\quad +y\times 3y$

$=\boldsymbol{4x^2+8xy+3y^2}$

(2) $(5a+3)^2$

$=(5a)^2+2\times 3\times 5a+3^2$

$=\boldsymbol{25a^2+30a+9}$

(3) $(3x-4y)^2$

$=(3x)^2-2\times 4y\times 3x+(4y)^2$

$=\boldsymbol{9x^2-24xy+16y^2}$

(4) $(2a+5b)(2a-5b)$

$=(2a)^2-(5b)^2$

$=\boldsymbol{4a^2-25b^2}$

公式を忘れたら，次のように展開しよう。

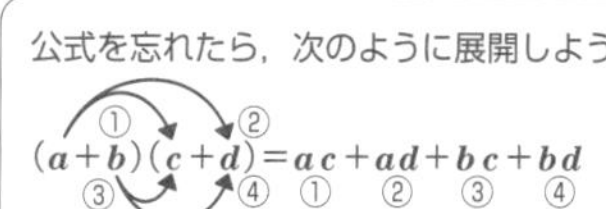

$(a+b)(c+d)=ac+ad+bc+bd$
①　②　③　④

2 次の式を計算しましょう。

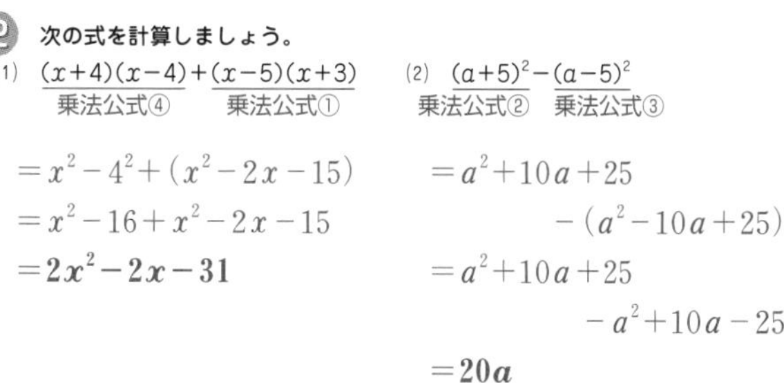

(1) $(x+4)(x-4)+(x-5)(x+3)$
乗法公式④　乗法公式①

$=x^2-4^2+(x^2-2x-15)$

$=x^2-16+x^2-2x-15$

$=\boldsymbol{2x^2-2x-31}$

(2) $(a+5)^2-(a-5)^2$
乗法公式②　乗法公式③

$=a^2+10a+25$
$\quad -(a^2-10a+25)$

$=a^2+10a+25$
$\quad -a^2+10a-25$

$=\boldsymbol{20a}$

7 共通な文字や数を見つけよう

→本冊 p.19

練習問題

1 次の式を因数分解しましょう。

(1) $mx-my$

$=\boldsymbol{m(x-y)}$

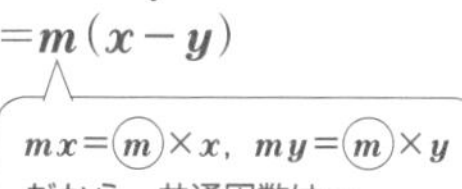

$mx=ⓜ\times x$，$my=ⓜ\times y$
だから，共通因数はm

(2) x^2+x

$=\boldsymbol{x(x+1)}$

$x^2=ⓧ\times x$，$x=1\times ⓧ$
だから，共通因数はx

(3) a^2b-ab^2

$=\boldsymbol{ab(a-b)}$

$a^2b=ⓐ\times a\times ⓑ$
$ab^2=ⓐ\times ⓑ\times b$
だから，共通因数はab

(4) $ax-bx+cx$

$=\boldsymbol{x(a-b+c)}$

$ax=a\times ⓧ$，$bx=b\times ⓧ$，
$cx=c\times ⓧ$
だから，共通因数はx

2 次の式を因数分解しましょう。

(1) $9x^2y-6xy$

$=\boldsymbol{3xy(3x-2)}$

$9x^2y=③\times 3\times ⓧ\times x\times ⓨ$
$6xy=2\times ③\times ⓧ\times ⓨ$
だから，共通因数は$3xy$

(2) $2x^2+4xy-8x$

$=\boldsymbol{2x(x+2y-4)}$

$2x^2=②\times ⓧ\times x$
$4xy=②\times 2\times ⓧ\times y$
$8x=②\times 2\times 2\times ⓧ$
だから，共通因数は$2x$

数を素因数分解
して考えるよ。

8 $x^2+(a+b)x+ab$を因数分解しよう

→本冊 p.21

練習問題

1 次の式を因数分解しましょう。

(1) $x^2+7x+10$

$=\boldsymbol{(x+2)(x+5)}$

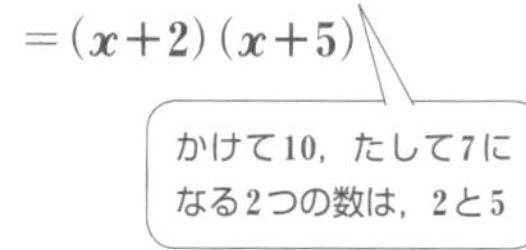

かけて10，たして7に
なる2つの数は，2と5

(2) $x^2+4x-12$

$=\boldsymbol{(x+6)(x-2)}$

かけて−12，たして4に
なる2つの数は，6と−2

(3) $x^2-4x-12$

$=\boldsymbol{(x+2)(x-6)}$

かけて−12，たして−4に
なる2つの数は，2と−6

(4) x^2-3x+2

$=\boldsymbol{(x-1)(x-2)}$

かけて2，たして−3にな
る2つの数は，−1と−2

(5) x^2+x-30

$=\boldsymbol{(x-5)(x+6)}$

かけて−30，たして1に
なる2つの数は，−5と6

(6) $x^2-11x+30$

$=\boldsymbol{(x-5)(x-6)}$

かけて30，たして−11に
なる2つの数は，−5と−6

$x^2+●x+■$の形の式には，x^2+3x+3のように，
因数分解できない式もあるよ。

9 $x^2 \pm 2ax + a^2$ を因数分解しよう

➔本冊 p.23

練習問題

1 次の式を因数分解しましょう。

(1) $x^2+12x+36$

$12=2\times6$
$36=6^2$

$=x^2+2\times6\times x+6^2$

$=(\boldsymbol{x+6})^2$

(2) x^2+6x+9

$6=2\times3$
$9=3^2$

$=x^2+2\times3\times x+3^2$

$=(\boldsymbol{x+3})^2$

(3) $a^2+20a+100$

$20=2\times10$
$100=10^2$

$=a^2+2\times10\times a+10^2$

$=(\boldsymbol{a+10})^2$

(4) $x^2-12x+36$

$12=2\times6$
$36=6^2$

$=x^2-2\times6\times x+6^2$

$=(\boldsymbol{x-6})^2$

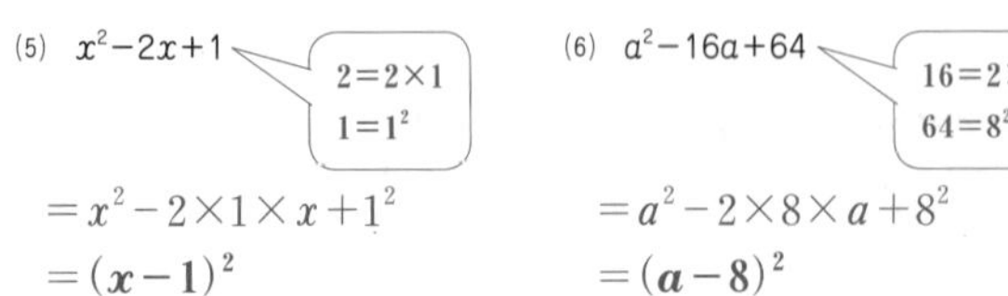

(5) x^2-2x+1

$2=2\times1$
$1=1^2$

$=x^2-2\times1\times x+1^2$

$=(\boldsymbol{x-1})^2$

(6) $a^2-16a+64$

$16=2\times8$
$64=8^2$

$=a^2-2\times8\times a+8^2$

$=(\boldsymbol{a-8})^2$

$x^2\pm$●$x+$■の形の式で，■の部分が2乗の形になっていたら，因数分解の公式②，③が使えるか考えるよ。

10 x^2-a^2 を因数分解しよう

➔本冊 p.25

練習問題

1 次の式を因数分解しましょう。

(1) x^2-25

$=x^2-5^2$

$=(\boldsymbol{x+5})(\boldsymbol{x-5})$

(2) y^2-100

$=y^2-10^2$

$=(\boldsymbol{y+10})(\boldsymbol{y-10})$

(3) $64-m^2$

$=8^2-m^2$

$=(\boldsymbol{8+m})(\boldsymbol{8-m})$

(4) $49a^2-4b^2$

$=(7a)^2-(2b)^2$

$=(\boldsymbol{7a+2b})(\boldsymbol{7a-2b})$

2 次の式を因数分解しましょう。

(1) $2x^2+16x+24$

$=2(x^2+8x+12)$

↑共通因数2をくくり出す

$=\boldsymbol{2(x+2)(x+6)}$

かけて12，たして8になる2つの数は，2と6

(2) $3a^2-27$

$=3(a^2-9)$

↑共通因数3をくくり出す

$=3(a^2-3^2)$

$=\boldsymbol{3(a+3)(a-3)}$

11 文字を使って説明しよう

➔本冊 p.27

練習問題

1 次のことが成り立つわけを，文字を使って説明しましょう。

(1) 連続する2つの奇数があるとき，大きいほうの奇数の2乗から，小さいほうの奇数の2乗をひいた差は，8の倍数になります。

nを整数とすると，連続する2つの奇数は，$2n-1$，$2n+1$と表される。大きいほうの奇数の2乗から，小さいほうの奇数の2乗をひくと，

$(2n+1)^2-(2n-1)^2=4n^2+4n+1-(4n^2-4n+1)$
$=8n$

nは整数だから，$8n$は8の倍数である。
したがって，大きいほうの奇数の2乗から，小さいほうの奇数の2乗をひいた差は，8の倍数になる。

(2) 連続する2つの整数があるとき，大きいほうの整数の2乗から，小さいほうの整数の2乗をひいた差は，もとの2つの整数の和になります。

nを整数とすると，連続する2つの整数は，n，$n+1$と表される。大きいほうの整数の2乗から，小さいほうの整数の2乗をひくと，

$(n+1)^2-n^2=n^2+2n+1-n^2=2n+1=n+(n+1)$

となり，$n+(n+1)$はもとの2つの整数の和である。
したがって，大きいほうの整数の2乗から，小さいほうの整数の2乗をひいた差は，もとの2つの整数の和になる。

まとめのテスト 1 多項式の計算

➔本冊 p.28

1 (1) $\boldsymbol{a^2-9ab}$　(2) $\boldsymbol{-5x-15}$

解説 分数のわり算はかけ算になおしてから計算します

(2) $(4xy+12y)\div\left(-\frac{4}{5}y\right)$

$=(4xy+12y)\times\left(-\frac{5}{4y}\right)$

$=\overset{1}{\cancel{4}}\times x\times\overset{1}{\cancel{y}}\times\left(-\frac{5}{\underset{1}{\cancel{4}}\times\underset{1}{\cancel{y}}}\right)+\overset{3}{\cancel{12}}\times\overset{1}{\cancel{y}}\times\left(-\frac{5}{\underset{1}{\cancel{4}}\times\underset{1}{\cancel{y}}}\right)$

$=-5x-15$

2 (1) $\boldsymbol{x^2+x-42}$　(2) $\boldsymbol{a^2+20a+100}$

(3) $\boldsymbol{25m^2-30mn+9n^2}$　(4) $\boldsymbol{x^2-2xy-24y^2}$

解説 (3) $(5m-3n)^2$

$=(5m)^2-2\times3n\times5m+(3n)^2$

$=25m^2-30mn+9n^2$

(4) $(x-6y)(x+4y)$

$=x^2+\{(-6y)+4y\}x+(-6y)\times4y$

$=x^2-2xy-24y^2$

3 (1) $\boldsymbol{-a+1}$　(2) $\boldsymbol{-3x-31}$

解説 (1) $(a-2)(a-5)-(a-3)^2$

$=a^2-7a+10-(a^2-6a+9)$

$=-a+1$

式をひくときは必ずかっこをつけましょう。

4 (1) $\boldsymbol{2x(ax+3b-2c)}$　(2) $\boldsymbol{6xy(x+2y)}$

まとめのテスト　1 多項式の計算

本冊 p.29

(1) $(a-6)(a+7)$　(2) $(x-5)(x-7)$

(3) $(a+9)^2$　(4) $(6x+5y)(6x-5y)$

(5) $3(x+4)(x+5)$　(6) $a(2b+1)(2b-1)$

解説 (3) $a^2+18a+81$
$=a^2+2\times 9\times a+9^2$
$=(a+9)^2$

(4) $36x^2-25y^2$
$=(6x)^2-(5y)^2$
$=(6x+5y)(6x-5y)$

(5), (6) まず共通因数をくくり出します。

(5) $3x^2+27x+60$
$=3(x^2+9x+20)$
$=3(x+4)(x+5)$

(6) $4ab^2-a$
$=a(4b^2-1)$
$=a(2b+1)(2b-1)$

まん中の整数をnとすると，
連続する3つの整数は，
$n-1$，n，$n+1$
と表される。
このとき，まん中の整数の2乗から1をひいた差は，
$n^2-1=(n+1)(n-1)$
したがって，まん中の整数の2乗から1をひいた差は，
残りの2つの整数の積に等しくなる。

解説 連続する3つの整数をn，$n+1$，$n+2$と表して，
$(n+1)^2-1=n^2+2n=n(n+2)$
のように説明することもできます。

12 2乗してaになる数は？

本冊 p.33

練習問題

1 次の数の平方根を求めましょう。

(1) 9
$3^2=9$
$(-3)^2=9$
答 3と−3
（または±3）

(2) 100
$10^2=100$
$(-10)^2=100$
答 10と−10
（または±10）

(3) 7
$(\sqrt{7})^2=7$
$(-\sqrt{7})^2=7$
答 $\sqrt{7}$と$-\sqrt{7}$
（または$\pm\sqrt{7}$）

(4) 13
$(\sqrt{13})^2=13$
$(-\sqrt{13})^2=13$
答 $\sqrt{13}$と$-\sqrt{13}$
（または$\pm\sqrt{13}$）

整数や分数で表すことができないときは，$\sqrt{\ }$を使って表すよ。

2 次の数を根号を使わずに表しましょう。

(1) $\sqrt{49}=7$
2乗して49になる数のうち，正のほう。

(2) $-\sqrt{49}=-7$
2乗して49になる数のうち，負のほう。

(3) $\sqrt{(-7)^2}$
$=\sqrt{49}$
$=7$
$\sqrt{\ }$の中を計算

13 平方根の大きさを比べよう

本冊 p.35

練習問題

1 次の2つの数の大小を，不等号を使って表しましょう。

(1) $\sqrt{7}$と$\sqrt{11}$
7<11だから，
$\sqrt{7}<\sqrt{11}$
答 $\sqrt{7}<\sqrt{11}$

(2) $-\sqrt{5}$と$-\sqrt{10}$
5<10だから，
$\sqrt{5}<\sqrt{10}$
したがって，
$-\sqrt{5}>-\sqrt{10}$
答 $-\sqrt{5}>-\sqrt{10}$

(3) 3と$\sqrt{10}$
$3^2=9$，$(\sqrt{10})^2=10$
9<10だから，
$\sqrt{9}<\sqrt{10}$
したがって，
$3<\sqrt{10}$
答 $3<\sqrt{10}$

(4) −5と$-\sqrt{26}$
$5^2=25$，$(\sqrt{26})^2=26$
25<26だから，
$\sqrt{25}<\sqrt{26}$
つまり，
$5<\sqrt{26}$
したがって，
$-5>-\sqrt{26}$
答 $-5>-\sqrt{26}$

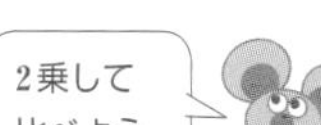

2乗して比べよう。

14 数値の表し方を知ろう

本冊 p.37

練習問題

1 ある数aの小数第二位を四捨五入したら，5.6になりました。aの値の範囲を，不等号を使って表しましょう。また，誤差の絶対値は大きくてもどのくらいと考えられますか。

5.65以下や5.64以下ではないことに注意します。
誤差は下の図から考えます。

真の値の範囲
0.05　0.05
5.55　5.6　5.65

答 範囲…$5.55\leqq a<5.65$　誤差…0.05

2 次の問いに答えましょう。

(1) あるひもの長さを測ったら，2400cmでした。このときの有効数字を2，4として，この長さを（整数部分が1けたの数）×（10の累乗）の形で表しましょう。

$2400=2.4\times 1000=2.4\times 10^3$

整数部分が1けたの数で表します。
累乗の形で表します。

答 2.4×10^3 cm

(2) 次の測定値は，何の位まで測定したものか答えましょう。

① 5.29×10^3 m　② 3.20×10^2 g

① $5.29\times 10^3=5.29\times 1000=5290$m
ここまで測定
答 10mの位

② $3.20\times 10^2=3.20\times 100=320$g
ここまで測定
答 1gの位

15 $\sqrt{}$がついた数のかけ算，わり算

➔本冊 p.39

練習問題

1 次の計算をしましょう。

(1) $\sqrt{10}\times\sqrt{3}$
$=\sqrt{10\times3}$
$=\boldsymbol{\sqrt{30}}$

(2) $-\sqrt{3}\times\sqrt{3}$
$=-\sqrt{3\times3}$
$=-\sqrt{9}$
$=\boldsymbol{-3}$

$\sqrt{9}=\sqrt{3^2}$
$=3$

(3) $\sqrt{2}\times(-\sqrt{8})$
$=-\sqrt{2\times8}$
$=-\sqrt{16}$
$=\boldsymbol{-4}$

$\sqrt{16}=\sqrt{4^2}$
$=4$

(4) $\dfrac{\sqrt{35}}{\sqrt{7}}$
$=\sqrt{\dfrac{35}{7}}$ （35→5，7→1）
$=\boldsymbol{\sqrt{5}}$

(5) $(-\sqrt{21})\div\sqrt{3}$
$=-\dfrac{\sqrt{21}}{\sqrt{3}}$
$=-\sqrt{\dfrac{21}{3}}$ （21→7，3→1）
$=\boldsymbol{-\sqrt{7}}$

(6) $\sqrt{45}\div(-\sqrt{5})$
$=-\dfrac{\sqrt{45}}{\sqrt{5}}$
$=-\sqrt{\dfrac{45}{5}}$ （45→9，5→1）
$=-\sqrt{9}$
$=\boldsymbol{-3}$

$\sqrt{9}=\sqrt{3^2}$
$=3$

積の符号（商の符号も同じ。）
(+)×(+)→(+)
(−)×(−)→(+)
(+)×(−)→(−)
(−)×(+)→(−)

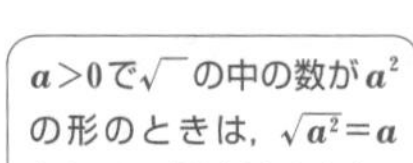

$a>0$で$\sqrt{}$の中の数がa^2の形のときは，$\sqrt{a^2}=a$として，$\sqrt{}$をはずすよ。

16 $\sqrt{a^2b}\Leftrightarrow a\sqrt{b}$の変形をしよう

➔本冊 p.41

練習問題

1 次の数を$\sqrt{a}$の形に表しましょう。

(1) $2\sqrt{7}$
$=2\times\sqrt{7}$
$=\sqrt{2^2}\times\sqrt{7}$
$=\sqrt{4\times7}$
$=\boldsymbol{\sqrt{28}}$

(2) $5\sqrt{2}$
$=5\times\sqrt{2}$
$=\sqrt{5^2}\times\sqrt{2}$
$=\sqrt{25\times2}$
$=\boldsymbol{\sqrt{50}}$

2 次の数を$a\sqrt{b}$の形に表しましょう。

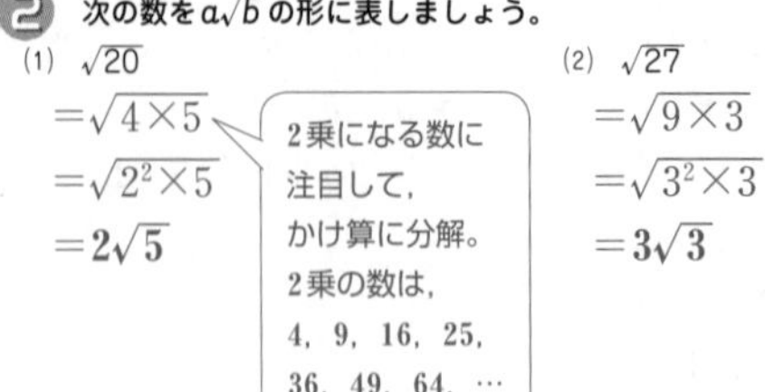

(1) $\sqrt{20}$
$=\sqrt{4\times5}$
$=\sqrt{2^2\times5}$
$=\boldsymbol{2\sqrt{5}}$

2乗になる数に
注目して，
かけ算に分解。
2乗の数は，
4，9，16，25，
36，49，64，…

(2) $\sqrt{27}$
$=\sqrt{9\times3}$
$=\sqrt{3^2\times3}$
$=\boldsymbol{3\sqrt{3}}$

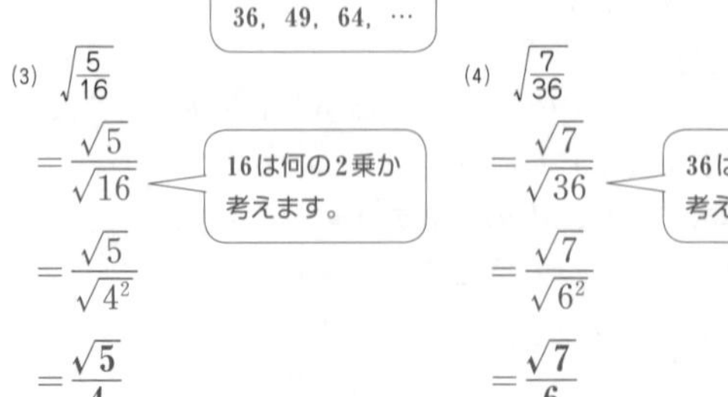

(3) $\sqrt{\dfrac{5}{16}}$
$=\dfrac{\sqrt{5}}{\sqrt{16}}$
$=\dfrac{\sqrt{5}}{\sqrt{4^2}}$
$=\boldsymbol{\dfrac{\sqrt{5}}{4}}$

16は何の2乗か
考えます。

(4) $\sqrt{\dfrac{7}{36}}$
$=\dfrac{\sqrt{7}}{\sqrt{36}}$
$=\dfrac{\sqrt{7}}{\sqrt{6^2}}$
$=\boldsymbol{\dfrac{\sqrt{7}}{6}}$

36は何の2乗か
考えます。

17 分母の$\sqrt{}$をなくそう

➔本冊 p.43

練習問題

1 次の数の分母を有理化しましょう。

(1) $\dfrac{3}{\sqrt{2}}$
$=\dfrac{3\times\sqrt{2}}{\sqrt{2}\times\sqrt{2}}$
$=\boldsymbol{\dfrac{3\sqrt{2}}{2}}$

分母と分子に
$\sqrt{2}$をかけます。

(2) $-\dfrac{\sqrt{3}}{\sqrt{5}}$
$=-\dfrac{\sqrt{3}\times\sqrt{5}}{\sqrt{5}\times\sqrt{5}}$
$=\boldsymbol{-\dfrac{\sqrt{15}}{5}}$

(3) $\dfrac{3}{\sqrt{18}}$
$=\dfrac{3}{3\sqrt{2}}$ （3→1，3→1）
$=\dfrac{1}{\sqrt{2}}$
$=\dfrac{1\times\sqrt{2}}{\sqrt{2}\times\sqrt{2}}$
$=\boldsymbol{\dfrac{\sqrt{2}}{2}}$

$\sqrt{18}=\sqrt{3^2\times2}$
$=3\sqrt{2}$

(4) $\dfrac{6}{\sqrt{27}}$
$=\dfrac{6}{3\sqrt{3}}$ （6→2，3→1）
$=\dfrac{2}{\sqrt{3}}$
$=\dfrac{2\times\sqrt{3}}{\sqrt{3}\times\sqrt{3}}$
$=\boldsymbol{\dfrac{2\sqrt{3}}{3}}$

$\sqrt{27}=\sqrt{3^2\times3}$
$=3\sqrt{3}$

18 $\sqrt{}$がついた数のたし算，ひき算

➔本冊 p.45

練習問題

1 次の計算をしましょう。

(1) $2\sqrt{5}+7\sqrt{5}$
$=(2+7)\sqrt{5}$
$=\boldsymbol{9\sqrt{5}}$

(2) $3\sqrt{7}+\sqrt{7}$
$=(3+1)\sqrt{7}$
$=\boldsymbol{4\sqrt{7}}$

1をたすこと
に注意。

(3) $6\sqrt{10}-\sqrt{10}$
$=(6-1)\sqrt{10}$
$=\boldsymbol{5\sqrt{10}}$

1をひくこと
に注意。

(4) $2\sqrt{3}-5\sqrt{3}$
$=(2-5)\sqrt{3}$
$=\boldsymbol{-3\sqrt{3}}$

(5) $\sqrt{3}-\sqrt{27}$
$=\sqrt{3}-3\sqrt{3}$
$=(1-3)\sqrt{3}$
$=\boldsymbol{-2\sqrt{3}}$

$\sqrt{27}$
$=\sqrt{3^2\times3}$
$=3\sqrt{3}$

(6) $4\sqrt{3}-7\sqrt{7}-5\sqrt{3}+8\sqrt{7}$
$=4\sqrt{3}-5\sqrt{3}-7\sqrt{7}+8\sqrt{7}$
$=(4-5)\sqrt{3}+(-7+8)\sqrt{7}$
$=\boldsymbol{-\sqrt{3}+\sqrt{7}}$

$\sqrt{}$の中の数がちがうから
ここでストップ！

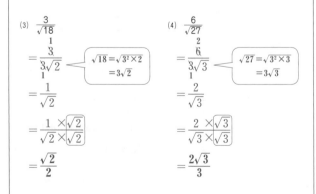

19 公式を使って計算しよう

➔本冊 p.47

練習問題

1 次の計算をしましょう。

(1) $\sqrt{6}(5+\sqrt{3})$

$=\sqrt{6}\times5+\sqrt{6}\times\sqrt{3}$

$=5\sqrt{6}+\sqrt{18}$

$=\mathbf{5\sqrt{6}+3\sqrt{2}}$

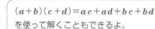

$\sqrt{18}=\sqrt{3^2\times2}$
$=3\sqrt{2}$

(2) $\sqrt{3}(\sqrt{2}-\sqrt{7})$

$=\sqrt{3}\times\sqrt{2}-\sqrt{3}\times\sqrt{7}$

$=\mathbf{\sqrt{6}-\sqrt{21}}$

(3) $(\sqrt{5}+5)(\sqrt{5}-3)$

$=(\sqrt{5})^2+(5-3)\sqrt{5}$
$\quad+5\times(-3)$

$=5+2\sqrt{5}-15$

$=\mathbf{-10+2\sqrt{5}}$

(4) $(\sqrt{5}+\sqrt{3})^2$

$=(\sqrt{5})^2+2\times\sqrt{3}\times\sqrt{5}$
$\quad+(\sqrt{3})^2$

$=5+2\sqrt{15}+3$

$=\mathbf{8+2\sqrt{15}}$

(5) $(\sqrt{7}-\sqrt{2})^2$

$=(\sqrt{7})^2-2\times\sqrt{2}\times\sqrt{7}$
$\quad+(\sqrt{2})^2$

$=7-2\sqrt{14}+2$

$=\mathbf{9-2\sqrt{14}}$

(6) $(\sqrt{10}+3)(\sqrt{10}-3)$

$=(\sqrt{10})^2-3^2$

$=10-9$

$=\mathbf{1}$

$(a+b)(c+d)=ac+ad+bc+bd$
を使って解くこともできるよ。

まとめのテスト 2 平方根

➔本冊 p.48～49

1 (1) 4と-4(または±4) (2) $\sqrt{15}$ と$-\sqrt{15}$(または$\pm\sqrt{15}$)

2 (1) -5 (2) 9

3 (1) $3<\sqrt{11}$ (2) $-\sqrt{37}<-6$

4 (1) $\sqrt{70}$ (2) $\sqrt{15}$

5 (1) $6\sqrt{3}$ (2) $8\sqrt{3}$

解説 (1) $\sqrt{108}=\sqrt{2^2\times3^2\times3}=2\times3\times\sqrt{3}=6\sqrt{3}$

6 (1) $\dfrac{5\sqrt{3}}{3}$ (2) $\dfrac{\sqrt{6}}{2}$

解説 (2) $\dfrac{6}{\sqrt{24}}=\dfrac{\overset{3}{\cancel{6}}}{\underset{1}{\cancel{2}}\sqrt{6}}=\dfrac{3}{\sqrt{6}}=\dfrac{3\times\sqrt{6}}{\sqrt{6}\times\sqrt{6}}=\dfrac{\overset{1}{\cancel{3}}\sqrt{6}}{\underset{2}{\cancel{6}}}=\dfrac{\sqrt{6}}{2}$

7 (1) $7\sqrt{10}$ (2) $3\sqrt{7}$

(3) $3\sqrt{3}$ (4) $-6\sqrt{5}-9\sqrt{3}$

(5) $-8\sqrt{5}-\sqrt{10}$ (6) $15-10\sqrt{2}$

(7) 2 (8) $27-10\sqrt{6}$

解説 (6) $(\sqrt{10}-\sqrt{5})^2$

$=(\sqrt{10})^2-2\times\sqrt{5}\times\sqrt{10}+(\sqrt{5})^2$

$=10-2\times5\sqrt{2}+5$

$=15-10\sqrt{2}$

(8) $(\sqrt{6}-3)(\sqrt{6}-7)$

$=(\sqrt{6})^2+(-3-7)\sqrt{6}+(-3)\times(-7)$

$=6-10\sqrt{6}+21=27-10\sqrt{6}$

20 x^2 をふくむ方程式

➔本冊 p.53

練習問題

1 次の方程式のうち，2次方程式はどれですか。

㋐ $x^2+5x=x^2-10$ ㋑ $2x^2-3x=x^2+4$ ㋒ $2x-3=x-5$

㋐ 移項して整理すると，$5x+10=0$だから，
1次方程式です。

㋑ 移項して整理すると，$x^2-3x-4=0$だから，
2次方程式です。

㋒ 移項して整理すると，$x+2=0$だから，
1次方程式です。

答 ㋑

2 0，1，2，3のうち，方程式$x^2-3x+2=0$の解はどれですか。

$x=0$を代入すると，
(左辺)$=0^2-3\times0+2=2$ (右辺)$=0$

$x=1$を代入すると，
(左辺)$=1^2-3\times1+2=0$ (右辺)$=0$

$x=2$を代入すると，
(左辺)$=2^2-3\times2+2=0$ (右辺)$=0$

$x=3$を代入すると，
(左辺)$=3^2-3\times3+2=2$ (右辺)$=0$

(左辺)=(右辺) となるのは，$x=1$，$x=2$のときです。

答 1と2

21 因数分解を使って解こう

➔本冊 p.55

練習問題

1 次の方程式を解きましょう。

(1) $(x+2)(x-7)=0$

$x+2=0$，$x-7=0$

$\mathbf{x=-2,\ x=7}$

(2) $x^2-x-20=0$

$(x+4)(x-5)=0$

$x+4=0$，$x-5=0$

$\mathbf{x=-4,\ x=5}$

(3) $x^2+8x+15=0$

$(x+3)(x+5)=0$

$x+3=0$，$x+5=0$

$\mathbf{x=-3,\ x=-5}$

(4) $x^2-x=0$

$x(x-1)=0$

$x=0$，$x-1=0$

$\mathbf{x=0,\ x=1}$

0を忘れずに!!

(5) $x^2+6x+9=0$

$(x+3)^2=0$

$x+3=0$

$\mathbf{x=-3}$

解は1つ。

(6) $x^2-20x+100=0$

$(x-10)^2=0$

$x-10=0$

$\mathbf{x=10}$

因数分解の公式②，③を使うときは，解が1つになるよ。

22 平方根を使って解こう

→本冊 p.57

練習問題

1 次の方程式を解きましょう。

(1) $x^2=3$

$\boldsymbol{x=\pm\sqrt{3}}$

正と負の2つがあることに注意。

(2) $5x^2-20=0$

$5x^2=20$

$x^2=4$

$\boldsymbol{x=\pm 2}$

(3) $(x+2)^2=11$

$x+2=\pm\sqrt{11}$

$\boldsymbol{x=-2\pm\sqrt{11}}$

(4) $(x-5)^2=9$

$x-5=\pm 3$

$x-5=3,\ x-5=-3$

$\boldsymbol{x=8,\ x=2}$

答えを $x=5\pm3$ としてしまわないよう注意。

(5) $(x-6)^2-48=0$

$(x-6)^2=48$

$x-6=\pm 4\sqrt{3}$

$\boldsymbol{x=6\pm 4\sqrt{3}}$

(6) $(x+7)^2-16=0$

$(x+7)^2=16$

$x+7=\pm 4$

$x+7=4,\ x+7=-4$

$\boldsymbol{x=-3,\ x=-11}$

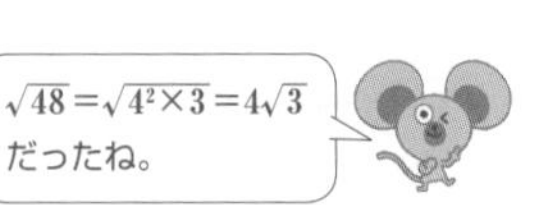

$\sqrt{48}=\sqrt{4^2\times3}=4\sqrt{3}$ だったね。

23 解の公式を使って解こう

→本冊 p.59

練習問題

1 次の方程式を，解の公式を使って解きましょう。

(1) $x^2+3x+1=0$

$x=\dfrac{-3\pm\sqrt{3^2-4\times1\times1}}{2\times1}$

$=\dfrac{-3\pm\sqrt{9-4}}{2}$

$\boldsymbol{=\dfrac{-3\pm\sqrt{5}}{2}}$

(2) $x^2+2x-5=0$

$x=\dfrac{-2\pm\sqrt{2^2-4\times1\times(-5}}{2\times1}$

$=\dfrac{-2\pm\sqrt{24}}{2}$

$\sqrt{24}=\sqrt{4\times}$
$=2\sqrt{6}$

$=\dfrac{-2\pm2\sqrt{6}}{2}$

約分

$\boldsymbol{=-1\pm\sqrt{6}}$

(3) $2x^2+3x-1=0$

$x=\dfrac{-3\pm\sqrt{3^2-4\times2\times(-1)}}{2\times2}$

$=\dfrac{-3\pm\sqrt{9+8}}{4}$

$\boldsymbol{=\dfrac{-3\pm\sqrt{17}}{4}}$

(4) $3x^2-x-2=0$

$x=\dfrac{-(-1)\pm\sqrt{(-1)^2-4\times3\times(-}}{2\times3}$

$=\dfrac{1\pm\sqrt{25}}{6}$

$=\dfrac{1\pm5}{6}$

$x=\dfrac{1+5}{6},\ x=\dfrac{1-5}{6}$

$x=\dfrac{6}{6}=1$
$x=\dfrac{-4}{6}=-\dfrac{2}{3}$

$\boldsymbol{x=1,\ x=-\dfrac{2}{3}}$

24 右辺を0にして解こう

→本冊 p.61

練習問題

1 次の方程式を解きましょう。

(1) $x^2+2x=15$

$x^2+2x-15=0$

$(x-3)(x+5)=0$

$x-3=0,\ x+5=0$

$\boldsymbol{x=3,\ x=-5}$

(2) $x^2-10=-3x$

$x^2+3x-10=0$

$(x-2)(x+5)=0$

$x-2=0,\ x+5=0$

$\boldsymbol{x=2,\ x=-5}$

(3) $x^2=x$

$x^2-x=0$

$x(x-1)=0$

$x=0,\ x-1=0$

$\boldsymbol{x=0,\ x=1}$

0を忘れずに!!

(4) $(x+4)(x-4)=15x$

$x^2-4^2=15x$

$x^2-15x-16=0$

$(x+1)(x-16)=0$

$x+1=0,\ x-16=0$

$\boldsymbol{x=-1,\ x=16}$

(5) $(x-3)(x+2)=6$

$x^2-x-6=6$

$x^2-x-12=0$

$(x+3)(x-4)=0$

$x+3=0,\ x-4=0$

$\boldsymbol{x=-3,\ x=4}$

(6) $(x+1)^2=-4x-8$

$x^2+2x+1=-4x-8$

$x^2+6x+9=0$

$(x+3)^2=0$

$\boldsymbol{x=-3}$

25 2次方程式を使って解こう

→本冊 p.63

練習問題

1 大小2つの自然数があります。大きいほうの数は小さいほうの数より3大
く，2つの数の積は70です。

(1) 小さいほうの数を x としたとき，大きいほうの数を x を使って表しましょ

大きいほうの数は，小さいほうの数 x より3大きいです

答 $x+$

(2) この2つの自然数を求めましょう。

2つの数の積は70だから，

$x(x+3)=70$

$x^2+3x-70=0$

$(x-7)(x+10)=0$

$x-7=0,\ x+10=0$

$x=7,\ x=-10$

x は自然数だから，$x=7$

したがって，大きいほうの数は，$7+3=10$

答 7と1

求めた2つの解がどちらも問題の答えになるとはかぎらないから，気をつけよう。

➔本冊 p.64～65

1 3，6

解説 xに3，4，5，6を代入して，(左辺)＝(右辺)が成り立つかどうか調べます。

2 (1) $x=2,\ x=-10$　(2) $x=0,\ x=-6$
(3) $x=7$　(4) $x=\pm4$
(5) $x=\pm5$　(6) $x=7\pm\sqrt{5}$

解説 (2) $x^2+6x=0$
$x(x+6)=0$
$x=0,\ x=-6$

(3) $x^2-14x+49=0$
$(x-7)^2=0$
$x=7$

(4) $x^2-16=0$
$(x+4)(x-4)=0$
$x=\pm4$

別解 $x^2-16=0$
$x^2=16$
$x=\pm4$

3 (1) $x=\dfrac{-7\pm\sqrt{17}}{2}$　(2) $x=1,\ x=\dfrac{1}{2}$

解説 (1) $x^2+7x+8=0$
$x=\dfrac{-7\pm\sqrt{7^2-4\times1\times8}}{2\times1}$
$=\dfrac{-7\pm\sqrt{17}}{2}$

(2) $2x^2-3x+1=0$
$x=\dfrac{-(-3)\pm\sqrt{(-3)^2-4\times2\times1}}{2\times2}$
$=\dfrac{3\pm1}{4}$
$x=1,\ x=\dfrac{1}{2}$

4 (1) $x=5,\ x=-7$　(2) $x=3,\ x=-8$
(3) $x=2,\ x=-1$　(4) $x=-3,\ x=2$

解説 (1) 展開して移項すると，$x^2+2x-35=0$
(2) $(x-7)(x+5)+7x=-11$
$x^2-2x-35+7x+11=0$
$x^2+5x-24=0$
$(x-3)(x+8)=0$
$x=3,\ x=-8$

5 5，6，7

解説 まん中の数をxとすると，小さい数は$x-1$，大きい数は$x+1$と表される。
$(x-1)x=(x-1)+x+(x+1)+12$
$x^2-x=3x+12$
$x^2-4x-12=0$
$(x-6)(x+2)=0$
$x=6,\ x=-2$
xは自然数だから，$x=6$
$x-1=6-1=5$
$x+1=6+1=7$
したがって，3つの自然数は，
5，6，7

26 $y=ax^2$と表される関数

➔本冊 p.69

1 右の表は，$y=3x^2$で表される関数のxとyの関係を表したものです。

x	0	1	2	3	4
y	0	3	12	27	48

（表中の矢印：x 2倍，3倍，4倍 → y 4倍，9倍，16倍）

(1) xの値が2倍，3倍，4倍になると，yの値はそれぞれ何倍になりますか。

表より，xの値が2倍，3倍，4倍になると，yの値は，4倍，9倍，16倍になります。

（2^2倍　3^2倍　4^2倍）

答 4倍，9倍，16倍になる。

(2) 比例定数を求めましょう。

関数$y=3x^2$の比例定数は3です。

答 3

2 次の㋐～㋒で，yがx^2に比例しているものはどれですか。

㋐ 縦が$x$cm，横が4cmの長方形の面積$y\text{cm}^2$
㋑ 円周率をπとしたとき，半径が$x$cmの円の面積$y\text{cm}^2$
㋒ 1辺が$x$cmの立方体の体積$y\text{cm}^3$

㋐ $y=x\times4$より，$y=4x$
㋑ $y=\pi x^2$
㋒ $y=x\times x\times x$より，$y=x^3$
$y=ax^2$の形になっているのは㋑。

㋐～㋒をそれぞれ式で表して，$y=ax^2$の形になっているものを答えるよ。

答 ㋑

27 比例定数と式を求めよう

➔本冊 p.71

練習問題

1 yはxの2乗に比例し，$x=4$のとき$y=-8$です。

(1) yをxの式で表しましょう。

yはx^2に比例するので，$y=ax^2$と表します。
$x=4$のとき$y=-8$だから，
$-8=a\times4^2$より，$a=-\dfrac{1}{2}$

答 $y=-\dfrac{1}{2}x^2$

(2) $x=-6$のときのyの値を求めましょう。

$y=-\dfrac{1}{2}\times(-6)^2=-18$

答 $y=-18$

$y=-\dfrac{1}{2}x^2$に$x=-6$を代入します。

2 yがxの2乗に比例し，xとyの値の関係は表のようになります。

x	-3	6
y	3	㋐

(1) yをxの式で表しましょう。

yはx^2に比例するので，$y=ax^2$と表します。
$x=-3$のとき$y=3$だから，
$3=a\times(-3)^2$より，$a=\dfrac{1}{3}$

答 $y=\dfrac{1}{3}x^2$

(2) ㋐にあてはまる数を求めましょう。

$y=\dfrac{1}{3}\times6^2=12$

答 12

$y=\dfrac{1}{3}x^2$に$x=6$を代入します。

28 $a>0$ のときのグラフをかこう

➔本冊 p.73

練習問題

1 次の関数のグラフを，表を利用してかきましょう。

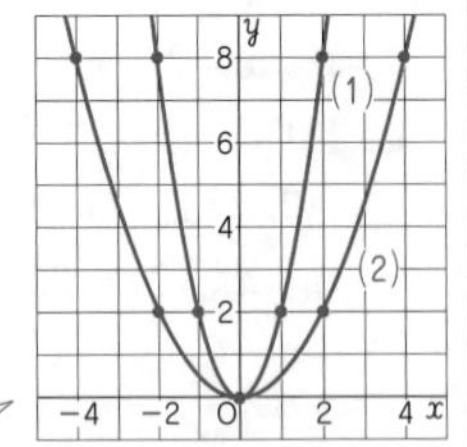

(1) $y=2x^2$

x	…	-2	-1	0	1	2	…
y	…	8	2	0	2	8	…

通る点を求めて，なめらかな曲線でつなぎます。

(2) $y=\frac{1}{2}x^2$

x	…	-4	-2	0	2	4	…
y	…	8	2	0	2	8	…

次の点を確認しよう。
①原点を通るなめらかな曲線になっているかな。
② y 軸について対称になっているかな。
③ x 軸の上側にあり，上に開いているかな。

29 $a<0$ のときのグラフをかこう

➔本冊 p.75

練習問題

1 次の関数のグラフを，表を利用してかきましょう。

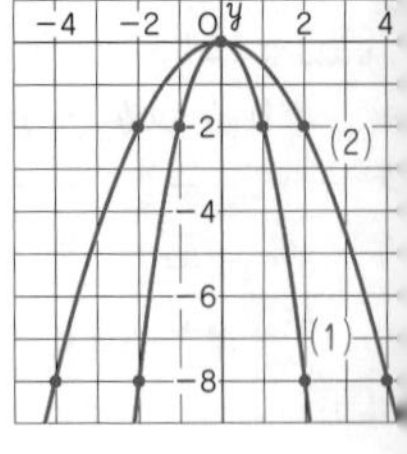

(1) $y=-2x^2$

x	…	-2	-1	0	1	2	…
y	…	-8	-2	0	-2	-8	…

慣れてきたら表をつくらずに点をとりましょう。

(2) $y=-\frac{1}{2}x^2$

x	…	-4	-2	0	2	4	…
y	…	-8	-2	0	-2	-8	…

次の点を確認しよう。
①原点を通るなめらかな曲線になっているかな。
② y 軸について対称になっているかな。
③ x 軸の下側にあり，下に開いているかな。

30 x と y の範囲を考えよう

➔本冊 p.77

練習問題

1 関数 $y=-2x^2$ について，x の変域が次のときの y の変域を求めましょう。

(1) $-2\leqq x\leqq -1$

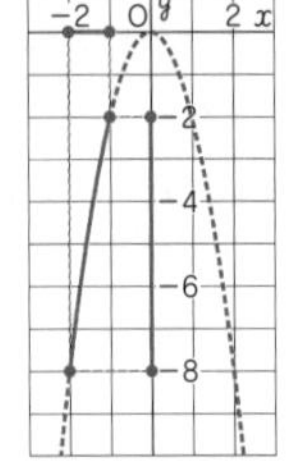

$x=-2$ のとき，
$y=-2\times(-2)^2$
$=-8$（最小値）
$x=-1$ のとき，
$y=-2\times(-1)^2$
$=-2$（最大値）

答 $-8\leqq y\leqq -2$

(2) $-1\leqq x\leqq 2$

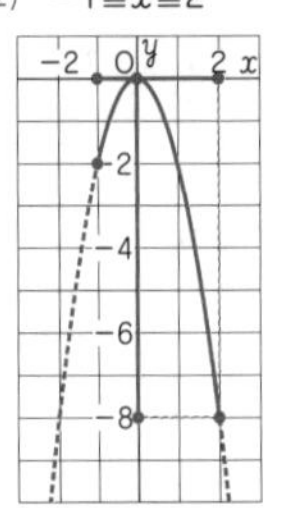

$x=2$ のとき，
$y=-2\times2^2$
$=-8$（最小値）
$x=0$ のとき，
$y=-2\times0^2$
$=0$（最大値）

答 $-8\leqq y\leqq 0$

最大値を -2 としないよう注意しましょう。

31 x と y の増え方に注目しよう

➔本冊 p.79

練習問題

1 関数 $y=3x^2$ で，x の値が次のように増加するときの変化の割合を求めましょ

(1) 2から3まで

$x=2$ のとき，
$y=3\times2^2=12$
$x=3$ のとき，
$y=3\times3^2=27$
（変化の割合）
$=\frac{27-12}{3-2}=15$

答 15

(2) -2 から -1 まで

$x=-2$ のとき，
$y=3\times(-2)^2=12$
$x=-1$ のとき，
$y=3\times(-1)^2=3$
（変化の割合）
$=\frac{3-12}{-1-(-2)}=-9$

答 −

2 関数 $y=-2x^2$ で，x の値が次のように増加するときの変化の割合を求めしょう。

(1) 1から4まで

$x=1$ のとき，
$y=-2\times1^2=-2$
$x=4$ のとき，
$y=-2\times4^2=-32$
（変化の割合）
$=\frac{-32-(-2)}{4-1}=-10$

答 -10

(2) -5 から -1 まで

$x=-5$ のとき，
$y=-2\times(-5)^2=-50$
$x=-1$ のとき，
$y=-2\times(-1)^2=-2$
（変化の割合）
$=\frac{-2-(-50)}{-1-(-5)}=12$

答 1

$y=ax^2$ を使って解こう

➔本冊 p.81

練習問題

1 右の図のような直角三角形ABCで，点Pは，点Bを出発して点Aまで，点Qは，点Pと同時に点Bを出発して点Pの半分の速さで点Cまで動きます。BPの長さを$x$cmとするときの△PBQの面積を$y$cm^{2}とします。

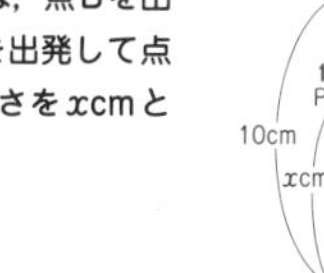

(1) yをxの式で表しましょう。

$$(\text{三角形の面積})=\frac{1}{2}\times(\text{底辺})\times(\text{高さ})$$

$$y=\frac{1}{2}\times\frac{1}{2}x\times x$$

$$y=\frac{1}{4}x^2$$

答 $y=\frac{1}{4}x^2$

(2) $x=4$のときのyの値を求めましょう。

$y=\frac{1}{4}\times4^2=4$ ＜ $y=\frac{1}{4}x^2$に$x=4$を代入。

答 $y=4$

(3) xとyの変域をそれぞれ求めましょう。

点Pの動きから，$0\leqq x\leqq10$

$x=0$のとき，$y=\frac{1}{4}\times0^2=0$（最小値）

$x=10$のとき，$y=\frac{1}{4}\times10^2=25$（最大値）

したがって，yの変域は，$0\leqq y\leqq25$

答 $0\leqq x\leqq10$，$0\leqq y\leqq25$

グラフが階段状になる関数

➔本冊 p.83

練習問題

1 下の表は，ある運送会社で，品物を箱に入れて送るときの料金を表しています。縦，横，高さの合計が$x$cmの料金をy円として，140cmまでのxとyの関係をグラフに表しましょう。

縦，横，高さの合計	料金
60cmまで	600円
80cmまで	700円
100cmまで	800円
120cmまで	900円
140cmまで	1000円

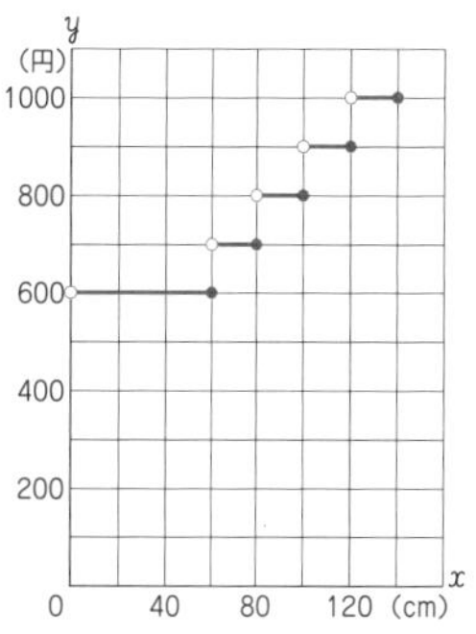

$0<x\leqq60$のとき，$y=600$
$60<x\leqq80$のとき，$y=700$
$80<x\leqq100$のとき，$y=800$
$100<x\leqq120$のとき，$y=900$
$120<x\leqq140$のとき，$y=1000$

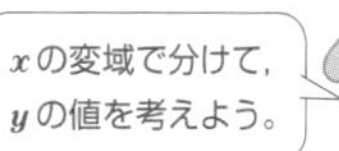

xの変域で分けて，
yの値を考えよう。

まとめのテスト 4 関数 $y=ax^2$

➔本冊 p.84～85

1 ④

解説 ㋐…$y=5(x+1)$ $=5x+5$　④…$y=2x\times2x$ $=4x^2$　㋒…$y=2x\times2x\times2x$ $=8x^3$

$y=ax^2$の形をしているのは④

2 (1) $y=2x^2$　(2) $y=18$

解説 (1) yはx^2に比例するので，$y=ax^2$と表します。

$8=a\times(-2)^2$より，$a=2$

(2) $y=2x^2$に$x=3$を代入して，

$y=2\times3^2=18$

3 (1)

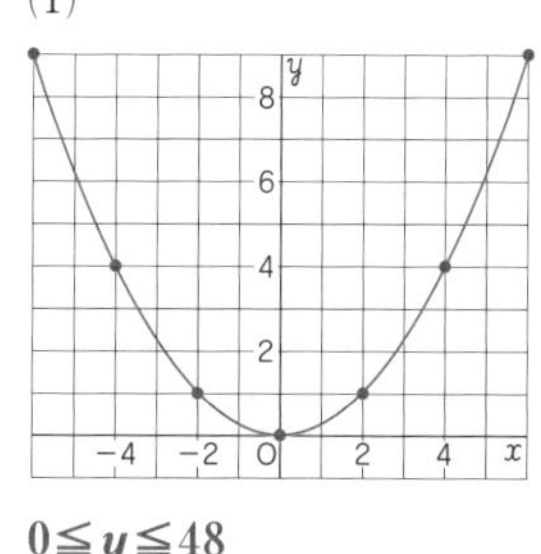

(2)

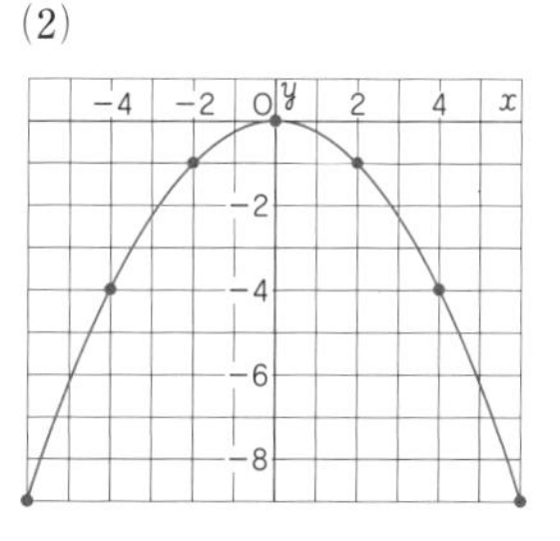

4 $0\leqq y\leqq48$

解説 $x=0$のとき最小値をとり，$y=3\times0^2=0$

$x=-4$のとき最大値をとり，$y=3\times(-4)^2=48$

したがって，yの変域は，$0\leqq y\leqq48$

5 21

解説 $x=-5$のとき，$y=-3\times(-5)^2=-75$

$x=-2$のとき，$y=-3\times(-2)^2=-12$

$$(\text{変化の割合})=\frac{-12-(-75)}{-2-(-5)}=\frac{63}{3}=21$$

6 $y=\frac{3}{2}x^2$

解説 $y=\frac{1}{2}\times3x\times x=\frac{3}{2}x^2$

7

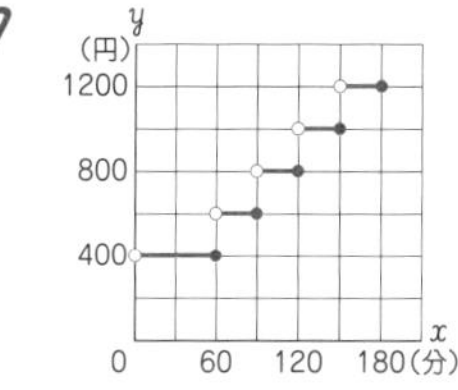

解説 $0<x\leqq60$のとき，$y=400$
$60<x\leqq90$のとき，$y=600$
$90<x\leqq120$のとき，$y=800$
$120<x\leqq150$のとき，$y=1000$
$150<x\leqq180$のとき，$y=1200$

●と○のちがいに注意しましょう。

34 形が同じで大きさがちがう図形

➔本冊 p.89

練習問題

1 右の図で，△ABC∽△DEFです。

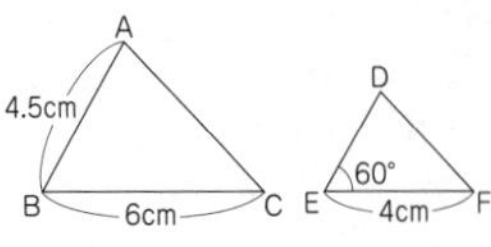

(1) 頂点Aと対応する頂点はどれですか。

△ABCを縮小させたときに，
頂点Aと重なり合う頂点は，
頂点Dです。

答 頂点D

(2) ∠Bの大きさを求めましょう。

相似な図形では，対応する角の大きさは等しいから，
∠B＝∠E＝60°

答 60°

(3) △ABCと△DEFの相似比を求めましょう。

BC：EF＝6：4＝3：2

答 3：2

(4) 辺DEの長さを求めましょう。

辺DEに対応する辺は辺ABだから，

AB：DE＝3：2
4.5：DE＝3：2
3DE＝9
DE＝3

相似な図形の対応する線分の長さの比はすべて等しいです。

答 3cm

35 三角形が相似になるのは？

➔本冊 p.91

練習問題

1 次の図で，相似な三角形はどれとどれですか。相似条件を示し，記号∽を使って表しましょう。

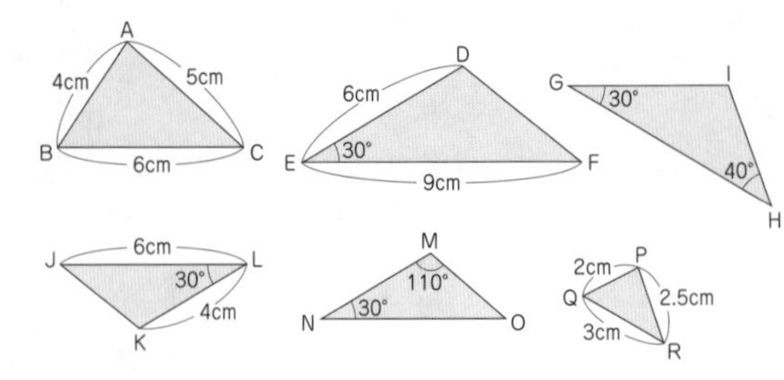

3組の辺の比がすべて等しいので，
△ABC∽△PQR

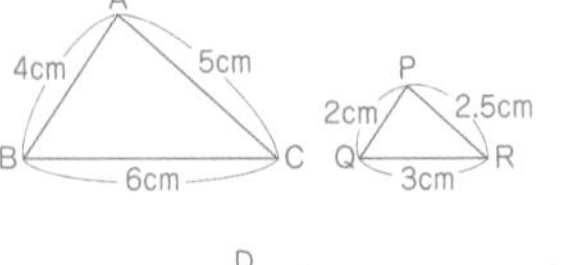

2組の辺の比とその間の角がそれぞれ等しいので，
△DEF∽△KLJ

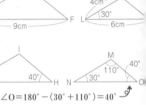

2組の角がそれぞれ等しいので，
△GHI∽△NOM

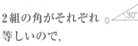

∠O＝180°－(30°＋110°)＝40°

36 相似条件を使って証明しよう

➔本冊 p.93

練習問題

1 右の図で，直角三角形ABCの頂点Aから辺BCに垂線ADをひくと，△ABC∽△DBAとなります。㋐～㋕をうめて，このことを証明しましょう。

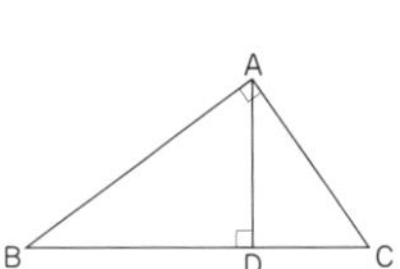

（証明） △ABCと(㋐ △DBA)において，
仮定より，
(㋑ ∠BAC)＝(㋒ ∠BDA)＝90° …①
共通な角だから，
(㋓ ∠B＝∠B) …②
①，②より，(㋔ 2組の角)がそれぞれ等しいので，
(㋕ △ABC∽△DBA)

㋑㋒ ∠CAB＝∠ADBでも正解です。

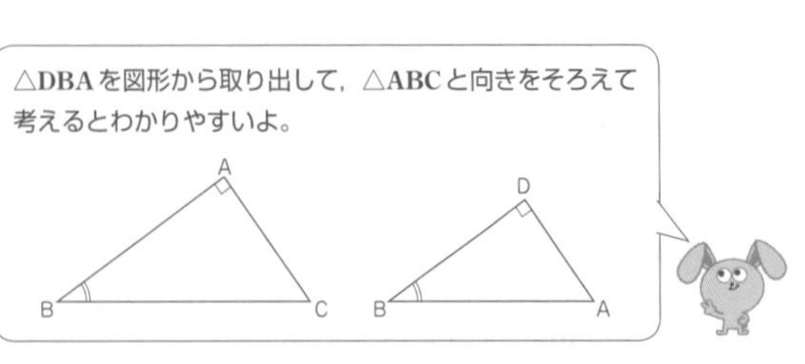

△DBAを図形から取り出して，△ABCと向きをそろえて考えるとわかりやすいよ。
A
B
C
D
B
A

37 比を使って長さを求めよう

➔本冊 p.95

練習問題

1 下の図で，DE∥BCのとき，x，yの値を求めましょう。

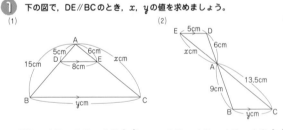

(1)

AD：AB＝AE：ACより，
$5:15=6:x$
$5x=90$
$x=18$

AD：AB＝DE：BCより，
$5:15=8:y$
$5y=120$
$y=24$

答 $x=18$，$y=24$

(2)

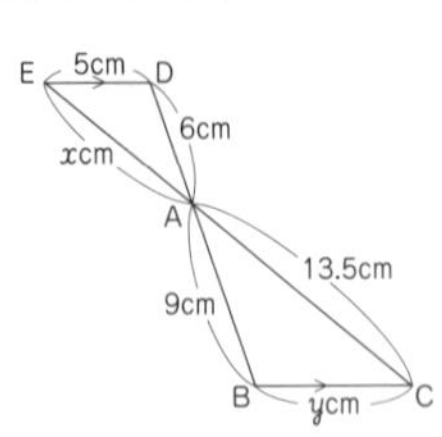

AD：AB＝AE：ACより
$6:9=x:13.5$
$9x=81$
$x=9$

AD：AB＝DE：BCより
$6:9=5:y$
$6y=45$
$y=7.5$

答 $x=9$，$y=7$

38 中点を結ぶと？

➔本冊 p.97

練習問題

1 右の図の△ABCで，点D，E，Fはそれぞれ辺AB，BC，CAの中点です。

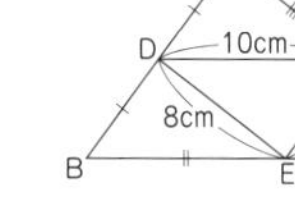

(1) △ABCの周の長さを求めましょう。

中点連結定理より，

AB＝2×FE＝2×6＝12(cm)

BC＝2×DF＝2×10＝20(cm)

CA＝2×ED＝2×8＝16(cm)

AB＋BC＋CA＝12＋20＋16＝48

答 **48cm**

(2) 平行な辺の組を，記号//を使ってすべて答えましょう。

中点連結定理より，平行な辺を見つけます。

点D，Fが中点なので，DF//BC

点F，Eが中点なので，FE//AB

点D，Eが中点なので，DE//AC

答 **DF//BC，FE//AB，DE//AC**

三角形の辺で中点を2つ見つけたら，中点連結定理が使えるか考えよう。

39 面積，体積を比べよう

➔本冊 p.99

練習問題

1 相似比が3：2の四角形ABCDと四角形EFGHがあります。

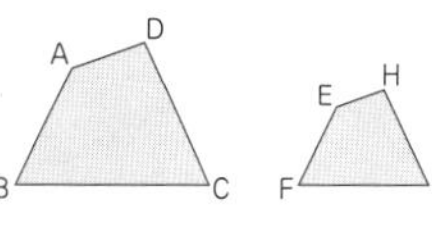

(1) 四角形ABCDと四角形EFGHの面積比を求めましょう。

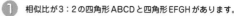

面積比は，$3^2：2^2$＝9：4

答 **9：4**

(2) 四角形ABCDの面積が$54cm^2$のとき，四角形EFGHの面積を求めましょう。

四角形EFGHの面積を$x cm^2$とすると，

54：x＝9：4より，x＝24

答 **$24cm^2$**

2 相似比が4：1の円錐PとQがあります。

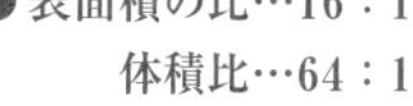

(1) PとQの表面積の比と体積比を求めましょう。

表面積の比は，$4^2：1^2$＝16：1

体積比は，$4^3：1^3$＝64：1

答 **表面積の比…16：1**
体積比…64：1

(2) Qの体積が$30\pi cm^3$のとき，Pの体積を求めましょう。

$P：30\pi＝64：1$より，

$P＝1920\pi$

答 **$1920\pi cm^3$**

まとめのテスト 5 相似な図形

➔本冊 p.100〜101

1 (1) 相似な三角形…**△ABC∽△ADE**
相似条件…**2組の角がそれぞれ等しい。**

(2) 相似な三角形…**△ABC∽△EBD**
相似条件…**2組の辺の比とその間の角がそれぞれ等しい。**

解説 (1) ∠ABC＝∠ADE，∠ACB＝∠AED(平行線の同位角)

(2) ∠B＝∠B，BA：BE＝BC：BD＝2：1

2 (1) ㋐…**∠ADE**　㋑…**共通**
㋒…**∠A**　㋓…**2組の角**

(2) $\frac{26}{5}$cm

解説 (2) AB：AE＝BC：EDより，

13：AE＝20：8

20AE＝104

AE＝$\frac{26}{5}$

3 x＝16，y＝15

解説 AD：AB＝AE：ACより，

12：24＝8：x

$12x$＝192

x＝16

AD：AF＝DE：FGより，

12：18＝10：y

$12y$＝180

y＝15

4 (1) **21cm**

(2) **△DBE，△FEC，△EFD**

解説 (1) △ABCで中点連結定理より，

$DE＝\frac{1}{2}×AC＝\frac{1}{2}×12＝6$(cm)

$EF＝\frac{1}{2}×BA＝\frac{1}{2}×14＝7$(cm)

$FD＝\frac{1}{2}×CB＝\frac{1}{2}×16＝8$(cm)

DE＋EF＋FD＝6＋7＋8＝21(cm)

(2) AF＝FC＝DE＝6(cm)，AD＝DB＝FE＝7(cm)，BE＝EC＝DF＝8(cm)より，3組の辺が等しい三角形を見つけます。

5 1：7

解説 PとQの相似比は，高さの比より，4：2＝2：1

したがって，PとQの体積比は，$2^3：1^3$＝8：1

$Q：R＝Q：(P－Q)＝1：(8－1)＝1：7$

40 直角三角形の辺の関係

➔本冊 p.105

練習問題

1 下の図の直角三角形で，x の値を求めましょう。

(1)

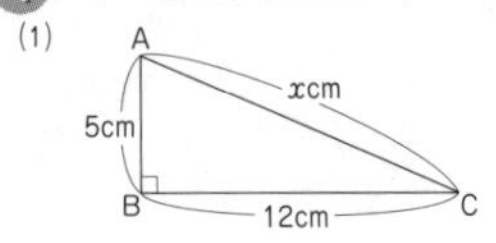

$AB^2+BC^2=AC^2$ より，

$5^2+12^2=x^2$

$x^2=169$

$x>0$ だから，$x=13$

答 $x=13$

(2)

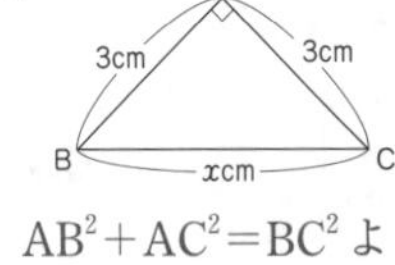

$AB^2+AC^2=BC^2$ より，

$3^2+3^2=x^2$

$x^2=18$

$x>0$ だから，$x=\sqrt{18}=3\sqrt{2}$

答 $x=3\sqrt{2}$

(3)

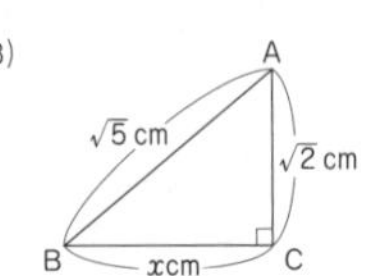

$BC^2+AC^2=AB^2$ より，

$x^2+(\sqrt{2})^2=(\sqrt{5})^2$

$x^2=3$

$x>0$ だから，$x=\sqrt{3}$

答 $x=\sqrt{3}$

(4)

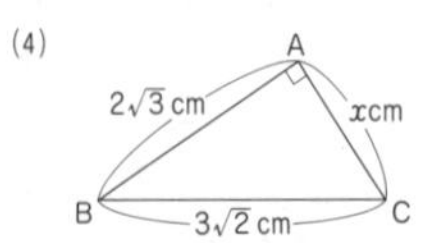

$AB^2+AC^2=BC^2$ より，

$(2\sqrt{3})^2+x^2=(3\sqrt{2})^2$

$x^2=6$

$x>0$ だから，$x=\sqrt{6}$

答 $x=\sqrt{6}$

41 直角三角形を見つけよう

➔本冊 p.107

練習問題

1 次の長さを3辺とする三角形は，直角三角形といえますか。

(1) 4cm，4cm，7cm

$a=4$，$b=4$，$c=7$

とすると，（もっとも長い辺が c）

$a^2+b^2=4^2+4^2=32$

$c^2=7^2=49$

a^2+b^2 と c^2 が等しくないので，直角三角形といえません。

答 いえません

(2) 9cm，12cm，15cm

$a=9$，$b=12$，$c=15$

とすると，

$a^2+b^2=9^2+12^2$

$=225$

$c^2=15^2=225$

a^2+b^2 と c^2 が等しいので直角三角形といえます。

答 いえます

(3) $3\sqrt{3}$cm，3cm，6cm

$a=3\sqrt{3}$，$b=3$，$c=6$

とすると，

$a^2+b^2=(3\sqrt{3})^2+3^2$

$=36$

$c^2=6^2=36$

a^2+b^2 と c^2 が等しいので，直角三角形といえます。

答 いえます

(4) 2cm，5cm，$2\sqrt{5}$cm

$a=2$，$b=2\sqrt{5}$，$c=5$

とすると，

$a^2+b^2=2^2+(2\sqrt{5})^2$

$=24$

$c^2=5^2=25$

a^2+b^2 と c^2 が等しくないので，直角三角形といえません。

答 いえません

42 三角定規と三平方の定理

➔本冊 p.109

練習問題

1 次の長さを求めましょう。

(1) 右の図の正方形ABCDの対角線の長さ

直角三角形ABCで，

$AB^2+BC^2=AC^2$ より，

$5^2+5^2=AC^2$　　$AC^2=50$

$AC>0$ だから，$AC=\sqrt{50}=5\sqrt{2}$

別解 $AB:AC=1:\sqrt{2}$ より，

$5:AC=1:\sqrt{2}$　　$AC=5\sqrt{2}$

答 $5\sqrt{2}$cm

(2) 右の図の正三角形ABCの高さ

直角三角形ABDで，

$BD^2+AD^2=AB^2$ より，

$4^2+AD^2=8^2$　　$AD^2=48$

$AD>0$ だから，$AD=\sqrt{48}=4\sqrt{3}$

別解 $AB:AD=2:\sqrt{3}$ より，

$8:AD=2:\sqrt{3}$　　$2AD=8\sqrt{3}$　　$AD=4\sqrt{3}$

答 $4\sqrt{3}$cm

43 立体の長さを求めよう

➔本冊 p.11

練習問題

1 右の直方体の対角線AGの長さを求めましょう。

$EG^2=5^2+8^2$　（△EFGで三平方の定理を使います。）

$AG^2=EG^2+AE^2$　（△AEGで三平方の定理を使います。）

$=(5^2+8^2)+3^2$

$=98$

$AG>0$ だから，$AG=\sqrt{98}=7\sqrt{2}$

別解 $AG=\sqrt{5^2+8^2+3^2}=\sqrt{98}=7\sqrt{2}$

答 $7\sqrt{2}$cm

2 右の円錐の体積を求めましょう。

$AO^2+3^2=9^2$ より，（△ABOで三平方の定理を使います。）

$AO^2=72$

$AO>0$ だから，

$AO=\sqrt{72}=6\sqrt{2}$

したがって，円錐の体積は，

$\frac{1}{3}\times\pi\times3^2\times6\sqrt{2}=18\sqrt{2}\pi$

答 $18\sqrt{2}\pi$ cr

まとめのテスト 6 三平方の定理

➔本冊 p.112〜113

1 (1) $x=2\sqrt{13}$　(2) $x=\sqrt{15}$
(3) $x=\sqrt{7}$　(4) $x=3\sqrt{6}$

2 ㋑，㋒

3 $4\sqrt{3}\text{cm}^2$

解説 AB：AD＝2：$\sqrt{3}$より，4：AD＝2：$\sqrt{3}$

AD＝$2\sqrt{3}$　正三角形の面積は，$\frac{1}{2}\times4\times2\sqrt{3}=4\sqrt{3}$

4 $x=\sqrt{3}$，$y=3\sqrt{2}$

解説 AB：BD＝2：1より，$2\sqrt{3}$：x＝2：1　$x=\sqrt{3}$
AB：AD＝2：$\sqrt{3}$より，$2\sqrt{3}$：AD＝2：$\sqrt{3}$　AD＝3
AD：AC＝1：$\sqrt{2}$より，3：y＝1：$\sqrt{2}$　$y=3\sqrt{2}$

5 $4\sqrt{3}$cm

解説 $\text{BH}=\sqrt{4^2+4^2+4^2}=\sqrt{48}=4\sqrt{3}$

6 (1) $2\sqrt{2}$cm　(2) $2\sqrt{7}$cm　(3) $\frac{32}{3}\sqrt{7}\text{cm}^3$

解説 (1) BC：BH＝$\sqrt{2}$：1より，4：BH＝$\sqrt{2}$：1
BH＝$2\sqrt{2}$
(2) $\text{OH}^2+\text{BH}^2=\text{OB}^2$より，$\text{OH}^2+(2\sqrt{2})^2=6^2$
$\text{OH}^2=28$　OH＞0だから，$\text{OH}=\sqrt{28}=2\sqrt{7}$
(3) $\frac{1}{3}\times4^2\times2\sqrt{7}=\frac{32}{3}\sqrt{7}$

44 円周角と中心角とは？

➔本冊 p.117

練習問題

1 次の図で，∠xの大きさを求めましょう。

(1)

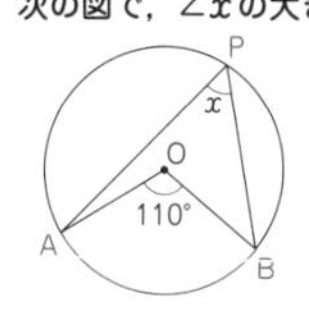

$\angle\text{APB}=\frac{1}{2}\angle\text{AOB}$
$\angle x=\frac{1}{2}\times110°$
$=55°$

答 55°

(2)

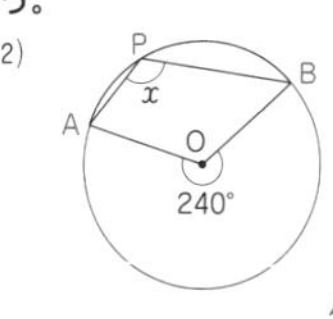

P
B
x
A
O
240°
中心角が180°より大きくても成り立ちます。

$\angle\text{APB}=\frac{1}{2}\angle\text{AOB}$
$\angle x=\frac{1}{2}\times240°$
$=120°$

答 120°

(3)

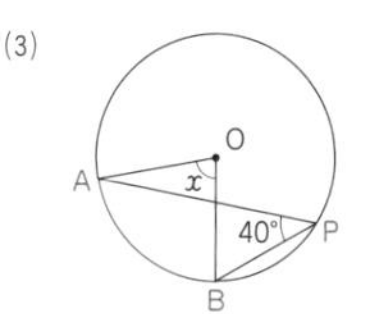

∠AOB＝2∠APB
$\angle x=2\times40°$
$=80°$

答 80°

(4)

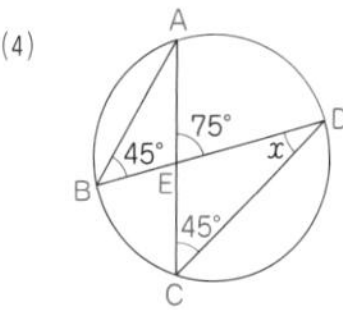

∠ACD＝∠ABD＝45°
△ECDで，
$\angle x=75°-45°$
$=30°$

答 30°

45 4点が同じ円周上にあるとき

➔本冊 p.119

練習問題

1 次の図で，4点A，B，C，Dは同じ円周上にあるといえますか。

(1)

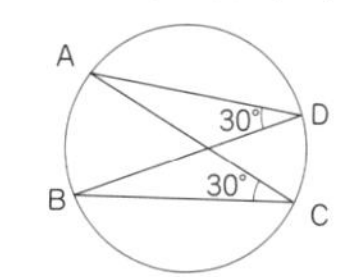

∠ACB＝∠ADBなので，4点A，B，C，Dは，同じ円周上にあるといえます。

答 いえます

(2)

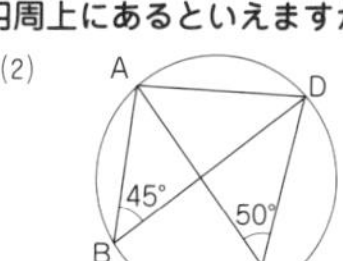

∠ABDと∠ACDは等しくないので，4点A，B，C，Dは，同じ円周上にあるといえません。

答 いえません

2 右の図で，∠xの大きさが何度のとき，4点A，B，C，Dが同じ円周上にあるといえますか。

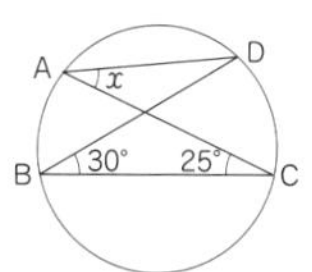

∠DAC＝∠DBCのとき，4点A，B，C，Dは，同じ円周上にあるといえます。

答 ∠x＝30°

円を思い浮かべて，どこが円周角になるか考えるとわかりやすいよ。

46 円の性質を考えよう

➔本冊 p.121

練習問題

1 右の図で，点Aは円Oの外部の点です。

(1) 点Aを通る円Oの接線AP，AP′を作図しましょう。ただし，P，P′を接点とします。

1 AOの中点Mを作図します。
2 点Mを中心として，AMを半径とする円をかき，円Oとの交点をP，P′とします。
3 直線AP，AP′をひきます。

(2) 円Oの半径が4cm，AO＝7cmのとき，APの長さを求めましょう。

△APOは直角三角形だから，三平方の定理より，
$\text{AP}^2+\text{OP}^2=\text{AO}^2$
$\text{AP}^2=7^2-4^2$
$=49-16$
$=33$

OPは円Oの半径だから4cmです。

AP＞0より，
$\text{AP}=\sqrt{33}$

答 $\sqrt{33}$cm

まとめのテスト 7 円

➔本冊 p.122～123

1 (1) **100°**　(2) **150°**　(3) **30°**
(4) **65°**　(5) **50°**　(6) **44°**

解説 (2) $\angle x=(360°-60°)\div 2=150°$
(5) $\angle x=180°-(90°+40°)=50°$
(6) $\angle x=80°-36°=44°$

2 ㋐，㋒

解説 ㋒で，$\angle ACD=100°-45°=55°=\angle ABD$

3 △ACPと△BDPにおいて，
共通な角だから，
$\angle P=\angle P$ …①
$\overset{\frown}{CD}$に対する円周角だから，
$\angle CAP=\angle DBP$ …②
①，②より，2組の角がそれぞれ等しいから，
△ACP∽△BDP

解説 同じ弧に対する円周角が等しい性質を利用します。

4 $x=6$

解説 △ADE∽△CBEだから，
AE：CE＝DE：BE
$2:3=x:9$
$3x=18$
$x=6$

まとめのテスト 8 標本調査

➔本冊 p.128

1 ㋑

解説 ㋐ すべての視聴者を調べるのは難しいので，一部の視聴者を調べて，全体のおよその傾向を調べます。したがって，標本調査が適切です。
㋑ 生徒1人ずつ記録する必要があるため，全数調査が適切です。
㋒ 全部を調査すると，商品として売ることができないので，標本調査が適切です。

2 (1) ×　(2) ○　(3) ×

解説 標本調査では，標本にかたよりがないよう無作為に抽出する必要があります。(1)では，標本が20歳代だけ，(3)では，標本がA中学校だけにかたよっているので，適切ではありません。

3 およそ9800個

解説 取り出した100個の白玉と黒玉の比は，
$2:(100-2)=2:98=1:49$
袋の中の黒玉をx個とすると，
$200:x=1:49$
$x=9800$
したがって，黒玉はおよそ9800個と考えられます。

47 調査の方法を知ろう

➔本冊 p.12

練習問題

1 ある都市の有権者84679人から，1000人を選び出して世論調査を行いました。この調査の母集団，標本をそれぞれ答えましょう。

母集団は，傾向を知りたい集団全体のことです。
標本は，母集団の一部として取り出して調べたもののことです。

答 母集団…ある都市の有権者84679
標本…選び出した1000人

2 次の調査は，全数調査と標本調査のどちらが適切ですか。
㋐ あるプールの水質検査
㋑ 国勢調査
㋒ 電球の寿命(じゅみょう)調査

㋐…プールの水をすべて調べることは難しいので，標調査が適切です。
㋑…国の人口や分布などを正確に調べる調査なので，数調査することになっています。
㋒…全部を調査すると，商品として売ることができなので，標本調査が適切です。

答 ㋐…標本調査　㋑…全数調査　㋒…標本調

D C B A 0 9 8 7 6 5 4 3 2